Mehdi Metaiche

Optimisation des réseaux membranaires d'osmose inverse

Mehdi Metaiche

Optimisation des réseaux membranaires d'osmose inverse

Pour le dessalement de l'eau de mer

Presses Académiques Francophones

Imprint

Any brand names and product names mentioned in this book are subject to trademark, brand or patent protection and are trademarks or registered trademarks of their respective holders. The use of brand names, product names, common names, trade names, product descriptions etc. even without a particular marking in this work is in no way to be construed to mean that such names may be regarded as unrestricted in respect of trademark and brand protection legislation and could thus be used by anyone.

Cover image: www.ingimage.com

Publisher:
Presses Académiques Francophones
is a trademark of
International Book Market Service Ltd., member of OmniScriptum Publishing Group
17 Meldrum Street, Beau Bassin 71504, Mauritius

Printed at: see last page
ISBN: 978-3-8416-3489-4

Zugl. / Agréé par: Ecole Nationale Polytechnique d'Alger

SOMMAIRE

Tableau
LISTE DES TABLEAUX

LISTE DES FIGURES

LISTE DES SYMBOLES

$A(kg.s^{-1}.Pa^{-1}.m^{-2})$	Perméabilité de la membrane au solvant.
$B(m.s^{-1})$	Perméabilité de la membrane au soluté.
$B_B(m.s^{-1})$	Perméabilité de la membrane au Bore.
$B_S(m.s^{-1})$	Perméabilité de la membrane aux sels.
C_0 (kg.m^{-3})	Concentration moyenne de soluté dans la solution.
C1($)	Coût de la prise d'eau et du système de prétraitement.
C2($)	Coût des membranes.
C3($)	Coût des systèmes de pompage et de récupération de l'énergie.
C4($)	Coût des travaux de génie civil et électrique.
C_{Bfi}(kg/m^3)	Concentration de Bore dans l'alimentation de l'étage i.
C_{Bpi}(kg/m^3)	Concentration de Bore dans la production de l'étage i.
C_{Bpt} (kg/m^3)	Concentration de Bore dans la production totale.
C_{Bri}(kg/m^3)	Concentration de Bore dans le rejet de l'étage i.
C_b(ppm)	Qualité de l'eau de rejet.
CC($)	Capital des charges annuelles.
Ccc($)	Coût des produits chimiques consommés.
Ccr	Taux des coûts d'investissement indirect.
Cen($)	Coût de l'énergie consommée.
C_f(ppm)	Qualité de l'eau d'alimentation.
C_{fo}(ppm)	Qualité de l'eau d'alimentation dans les conditions standard.
C_{fb}(ppm)	Concentration moyenne alimentation – rejet.
C_{fbo}(ppm)	Concentration moyenne alimentation – rejet dans les conditions standard.
CI($)	Coût du capital indirect.
CIC($)	Coût du capital d'investissement.
C_m (kg.m^{-3})	Concentration de soluté arrêtée dans la membrane.
Cma($)	Coût de la maintenance.
Cmo($)	Coût de la main d'oeuvre.
C_p(ppm)	Qualité de l'eau produite.
Crm($)	Coût du remplacement des membranes.
Cs	Coefficient de scaling (de pénalisation).

9

$C_{SB}(kg/m^3)$	Concentration des sels dans la membrane.
$C_{SM}(kg/m^3)$	Concentration des sels dans la membrane.
$C_{SP}(kg/m^3)$	Concentration des sels dans la membrane.
CT($)	Coût d'investissement direct.
$C_{(x)}$ $(kg.m^{-3})$	Concentration du soluté dans la couche limite à la cote x.
C (kg/m^3)	Concentration moyenne du constituant i dans la membrane.
$D(m^2/s)$	Coefficient de diffusivité.
d	Densité de l'eau d'alimentation.
$D_2(m^2.s^{-1})$	Coefficient de diffusion du soluté dans la membrane et à l'interface membrane- solution.
$D_B(m^2.s^{-1})$	Diffusivité de Bore.
$d_i(m)$	Diamètre intérieur de la fibre creuse.
dh(m)	Diamètre hydraulique
do(m)	Diamètre extérieure du fibre.
$D_S(m^2.s^{-1})$	Diffusivité des sels.
dvB-9(an)	Durée de vie des modules B-9.
dvB-10(an)	Durée de vie des modules B-10.
$D_i(m^2.s^{-1})$	Coefficient de diffusivité du constituant i dans la membrane.
f	Coefficient de frottement.
FC	Facteur de conversion.
F_i	Gradient de transfert associé au flux J_i.
F_j	Gradient de transfert non associé au flux J_i.
H	Coefficient de distribution du soluté entre la solution et la membrane.
i	Taux d'intérêt.
$J_1, J_v(kg.m^{-2}.s^{-1})$	Flux du solvent.
$J_2, J_s(kg.m^{-2}.s^{-1})$	Flux de soluté à travers la membrane.
k	Coefficient de transfert dans la membrane.
K_B	Coefficient de transfert de Bore.
K_S	Coefficient de transfert de sels.
L(m)	Chemin parcouru par le liquide à l'intérieure du module.
l(m)	Distance du point de depart.
$L_a(m)$	Longueur de la fibre creuse.
lc (bits)	Longueur de codage.
lf	Coefficient d'utilisation de l'usine de dessalement.
L_{ij}	Coefficient phénomologique.

$L_p(m.s^{-1}.Pa^{-1})$	Perméabilité au solvant.
MFRC	Coefficient de correction du flux de rétention de la membrane.
m_i(mole/kg)	Molalité de l'ion i.
n(an)	Durée de vie de la station de dessalement (durée d'amortissement).
NB-9	Nombre de modules B-9 utilisés dans le système.
NB-10	Nombre de modules B-10 utilisés dans le système.
NG	Nombre de generations.
NPI	Nombre de populations initiales.
NPIG	Nombre de populations inter générations.
NT	Nombre total de modules installés dans le système.
PCF	Coefficient de correction de la pression.
Pc	Probabilité de croisement.
Pen($/kwh)	Prix de l'énergie consommé.
P_f(Psi)	Pression de l'eau d'alimentation.
P_{f0}(Psi)	Pression de l'eau d'alimentation dans les conditions standard.
P_{fi}	Pression de fonctionnement dans l'étage i.
Pm	Probabilité de mutation.
P_p(Psi)	Pression de l'eau produite.
P_{p0}(Psi)	Pression de l'eau produite dans les conditions standards.
Pr($/m^3$)	Prix de revient d'un m^3 d'eau dessalée.
PrB-9($)	Prix d'un module B-9
PrB-10($)	Prix d'un module B-10.
Pr_i	Taux de bypassing ou de mélange sur l'étage i.
Q_b(gallon /j)	Débit de rejet.
Q_f(gallon/j)	Débit d'alimentation.
Q_{fb}(gallon/j)	Débit moyen alimentation – rejet.
Q_p(gallon/j)	Débit de production d'un module.
Q_s(m3/j)	Débit de production du système.
Q_{p0}(gallon/j)	Débit de production dans les conditions standard.
R	Rejection (taux de rejet).
r(m)	Rayon d'une particule sphérique.
r_0(m)	Diamètre extérieur du fibre.
Re	Nombre de Reynolds.

$r_i(m)$	Diamètre intérieure du fibre.
Sc	Nombre de Schmidt.
Sh	Nombre de Sherwood.
Smens($)	Salaire mensuel d'un ouvrier.
SP	Taux de passage des sels.
SP_0	Taux de passage des sels dans les conditions standard.
SPCF	Coefficient de correction du taux de passage des sels.
TCF	Coefficient de correction de la température.
$T_f(°C)$	Température de l'eau d'alimentation.
$T_{f0}(°C)$	Température de l'eau d'alimentation dans les conditions standards.
U(m/s)	Vitesse du fluide.
Ware(kwh/m^3)	Energie consommée pour chaque 1m3 d'eau produite avec récupération de l'énergie.
Wrec(kwh/m^3)	Energie récupérée pour chaque 1m3 d'eau produite.
Wsre(kwh/m^3)	Energie consommée pour chaque 1m3 d'eau produite sans récupération de l'énergie.
y	Conversion du système de dessalement.
y_0	Conversion du système de dessalement dans les conditions standard.
ye_i, y_i	Conversion dans l'étage i.
z(m)	Epaisseur effective de la membrane.
$\alpha_1, \alpha_2, \alpha_3$	Coefficients déterminés expérimentalement.
γ	Facteur de polarization.
$\Delta C_2(kg.m^{-3})$	Différence de concentration du soluté dans la solution de part et d'autre de la membrane.
$\overline{\Delta C_2}$ (kg.m^{-3})	Différence de concentration du soluté dans la solution à l'intérieure de la Membrane.
$\Delta P(Psi)$	Perte de pression le module d'osmose inverse.
$\Delta P_{fb}(Psi)$	Différence de pression alimentation – rejet.
$\Delta P_{fb0}(Psi)$	Différence de pression alimentation – rejet dans les conditions standard.
$\Delta t(s)$	Temps.
$\Delta\pi(Pa)$	Différence de pression osmotique de part et d'autre de la membrane.
$\delta(m)$	Epaisseur de la membrane

ε	Porosité d'un faisceau de fibres creuses.
$\theta_p(kg/m^3)$	Concentration de la production.
$\eta(m^2/s)$	Viscosité cinématique.
η_p	Rendement du système de pompage de la mise en pression.
η_{turb}	Rendement de la turbine de récupération de l'énergie.
$\mu(kg/m.s)$	Viscosité dynamique.
$\pi_{fb}(Psi)$	Pression osmotique moyenne alimentation – rejet.
$\pi_{fb0}(Psi)$	Pression osmotique moyenne alimentation–rejet dans les conditions standards.
$\pi_p(Psi)$	Pression osmotique de l'eau produite.
$\pi_{p0}(Psi)$	Pression osmotique de l'eau produite dans les conditions standards.
$\rho(kg/m^3)$	Masse volumique du fluide.
σ,σ'	Coefficients de réflexion de Steverman.
$\omega(m.s^{-1})$	Perméabilité au solute.

Indice

b,r	Rejet.
f	Alimentation.
p	Production.

INTRODUCTION GENERALE

L'eau est un élément vital, précieux et rare. Son rôle économique et social est très important. Les ressources naturelles (conventionnelles) en eau douce sont limitées (et épuisées pour certaines régions), et le recours vers les ressources non conventionnelles est primordial, dont le dessalement de l'eau de mer et de l'eau saumâtre constituent une solution adéquate du problème de l'insuffisance des ressources naturelles, surtout dans les pays à climat aride et semi-aride, vu l'importance des quantités d'eau salée disponible dans le globe (plus de 97% de la quantité total de l'eau).

D'après The 2004 IDA Worldwide Desalination Plants Inventory Report, au début de l'année 2005, il y avait plus de 10 350 unités de dessalement dans plus de 140 pays du monde, qui produisent plus de 37 750 Million m^3/j de l'eau dessalée, adaptée à la consommation usuelle.

La technique de dessalement peut traiter les eaux de différentes origines : l'eau de mer (dont la concentration en sels varie entre 35.000 à 49.000 ppm), l'eau saumâtre et l'eau souterraine (où la concentration varie de 1.000 à 10.000 ppm), l'eau de drainage, l'eau usée, l'eau polluée par les métaux lourds, et l'eau polluée par les radioactifs.

L'eau dessalée peut être destinée vers de nombreux domaines comme: la consommation humaine, l'industrie, l'irrigation, production de l'eau embouteillée, production de l'eau distillée, secteur de tourisme (hôtellerie)…etc.

Les techniques de dessalement utilisées sont nombreuses et diversifiées. Les plus largement utilisées (vis à vis le rapport technico-économique) sont deux :

- Le dessalement par distillation à détente étagée (MSF).
- Et le dessalement par osmose inverse (RO).

Le choix de la première technique est limité généralement pour les centrales à double fin : c'est-à-dire qu'elle n'est fiable que dans le cas où la station à envisager, est à la proximité d'une centrale énergétique où les déchets thermiques (chaleur) produits sont abondants en quantité suffisante.

Dans tout les autres cas : la technique de dessalement par osmose inverse représente le choix le plus raisonnable et le plus économique. Cette dernière produise plus de 40% de la production mondiale en matière de dessalement (d'après l'IDA).

Le prix de revient de l'eau dessalée par les systèmes d'osmose inverse est actuellement élevé et ne peut être supporté que par certaines industries très riches.

Pour pouvoir généraliser ce type de système afin de lutter contre l'insuffisance et augmenter les ressources : il est impérativement donc de diminuer le prix de revient. Les tentatives de réduction de ce dernier doivent toucher essentiellement le développement des systèmes de dessalement et l'amélioration de leur fonctionnement : c'est à dire que le perfectionnement de l'aspect économique doit viser directement l'aspect technique où l'optimisation de ces systèmes représente une partie très importante du développement technique.

Les méthodes classiques d'optimisation (méthodes déterministes), sont fiables pour traiter des problèmes à fonctions objectifs linéaires, sans contraintes et à nombre réduit de variables de décision. Mais, lorsqu'il s'agit d'une fonction objectif non linéaire, avec une contrainte non linéaire, l'utilisation de ces méthodes ne donne pas de résultats satisfaisants. Dans le cas où le nombre de variables de décisions devient important, et le nombre de contraintes non linéaires s'élève : le problème devient plus compliqué, les méthodes déterministes ne présentent aucune efficacité, et leur convergence ne serait plus assurée.

Nous notons que, la non linéarité de la fonction objectif et des contraintes, et l'élévation du nombre de variables, augmentation le nombre de minimum locaux, qui forment des pièges pour les méthodes déterministes, ce qui rend impossible leur convergence.

Pour palier à ces difficultés, affin de permettre à l'algorithme de recherche de s'en débarrasser des pièges, il est utile d'utiliser un algorithme évolutionnaire de type génétique (la première

16

introduction en 1989, par John Hollond), dont l'efficacité est bien prouvée dans le traitement de beaucoup de problèmes complexes (automatisation et guidage de robots, théorie de jeux, reconnaissance d'images etc.).

La puissance de ce type d'algorithmes est, traduite par : l'utilisation de deux opérateurs génétiques efficaces : le premier, qui est le croisement ; permet de bien explorer les sous domaines de recherche, en cherchant l'optimum. Et le deuxième, qui est la mutation ; il permet de s'échapper des pièges locaux, afin de mieux converger. En d'autre sorte, il permet à l'algorithme de se déplacer entre les différents sous domaines, dans ce cas, les minimums locaux ne forment plus d'obstacles, mais par contre, des bases aux critères de chasse de la solution.

L'assemblage des deux opérateurs avec d'autres opérateurs et mécanismes, donne l'efficacité nécessaire aux algorithmes génétiques.

L'objectif de ce travail est l'optimisation des systèmes de dessalement par osmose inverse afin de les rendre moins coûteux et plus efficients économiquement pour produire de l'eau beaucoup moins chère à travers:

- L'optimisation des conceptions des systèmes visant de chercher le meilleur type d'agencement, d'assemblage et de montage d'une part, et la meilleure disposition des modules d'autre part.
- Et l'optimisation des paramètres de fonctionnement des systèmes visant la recherche des paramètres optimaux : choix de la pression de fonctionnement, le choix de la conversion du système (conversion totale et conversion partielle), la qualité de l'eau produite, la consommation énergétique, le nombre de modules utilisés…etc.

Pour aboutir, nous envisageons : de mettre en ouvre une modélisation conceptuelle, déterminant toute les configurations possibles et les modèles de calcul de leurs performances, d'élaborer un modèle mathématique d'optimisation qui relie tout les modèles, paramètres et contraintes gouvernants le problème, et développer un code d'optimisation à base d'algorithme génétique.

Vu la spécificité du problème de Bore, et sa diffusion à travers les membranes d'osmose inverse, nous essaierons d'introduire un modèle de prédiction, et de formuler une contrainte spéciale à cet élément.

En effet, ce travail est composé de parties et de quatre chapitres.
La première partie, composée de deux chapitres, et réservée à la recherche bibliographique concernant la conception et la modélisation des systèmes d'osmose inverse, les méthodes d'optimisation et la modélisation des coûts de dessalement.
La deuxième partie, composée aussi de deux chapitres, où l'un est consacré à la présentation de l'élaboration du code d'optimisation Desaltop.
Et l'autre chapitre, est consacré aux études de validation du modèle élaboré.

CHAPITRE I

OSMOSE INVERSE, CONCEPTION DES SYSTEMES ET MODELISATION DES PERFORMANCES

I-A- ELEMENTS D'UN SYSTEME D'OSMOSE INVERSE:
I-A-1- LES MEMBRANES :

Une membrane peut être définie comme étant une couche mince de matière, permettant l'arrêt ou le passage sélectif de substances dissoutes ou non, sous l'action d'une force motrice de transfert [Tamas A.P. 2004]. Une membrane semi- sélectives est une membrane permettant certains transferts de matière entre deux milieux qu'elle sépare, en interdisant d'autres, ou plus généralement, en favorisant certains par rapport à d'autres [Baker R.W. 2004], voir figure 1.

Les membranes d'osmose inverse sont composées d'une couche mince (couche active : peau) de faible épaisseur comprise entre 0,1µm et 1,5µm, composant des micropores. Cette couche active est supportée par une ou plusieurs couches, à la fois plus poreuses et mécaniquement plus résistantes [Audinos R. 2000].

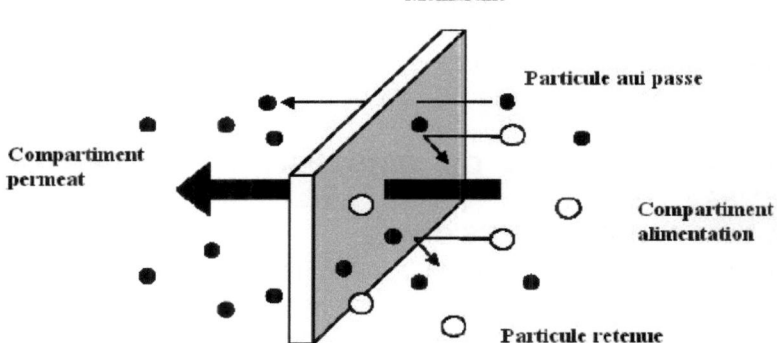

Figure 1: Membrane selective [Baker R.W. 2004]

I-A-1-1- OSMOSE INVERSE :

L'osmose inverse est une des nombreuses techniques dites membranaires. Cette technique consiste à utiliser un film de faible épaisseur semi- perméable: la membrane. Elle laissera passer sous l'effet d'une différence de pression et de potentiel : les molécules d'eau, mais pas la plupart des corps dissous (sels, matières organiques) [Rahni M. 2004] (figure 2).

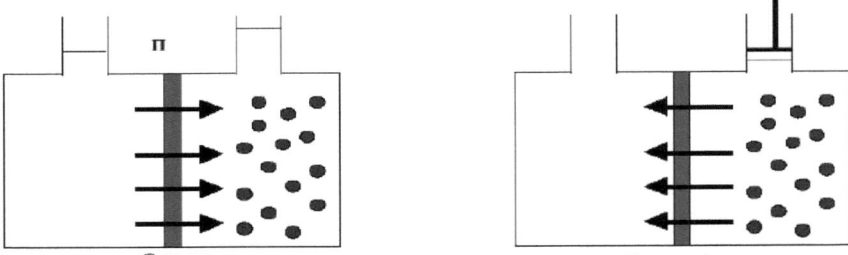

Figue 2: Phénomènes d'osmose et d'osmose inverse [Rahni M. 2004]

Dans le domaine de dessalement : l'osmose inverse est un procédé de séparation de l'eau et des sels dissous au moyen de la membrane semi- sélective sous l'action de la pression : généralement opérés entre 15 à 150 bars, les membranes des modules DISK-TUBE peuvent résister à 200 bars [Wagner J. 2001] (54 à 80 bars pour le dessalement de l'eau de mer [Renaudin V. 2003] à plus de 30.000 ppm de solides totaux dissous, et de 10 à 25 bars pour les eaux saumâtres ayant 1000 à 10.000 ppm de STD) [Semiat R. 2000, Schippers J.C. 2004].

I-A-1-2- MECANISMES DE TRANSFERT A TRAVERS LES MEMBRANES:
I-A-1-2-1- MODELE DIFFUSIONNEL:
Suivant ce modèle de transport, toutes les espèces moléculaires (soluté et solvant) se dissolvent dans la membrane et diffusent à l'intérieure de celle-ci, comme dans un solide ou un liquide sous l'action d'un gradient de concentration et de pression. C'est notamment le cas de l'osmose inverse [Hoek E.M.V. et Al. 2002].
Il s'agit d'un phénomène de transport du à la diffusion Brownienne [Maurel A. 1988].

Les flux de solvant et de soluté à travers la membrane sont donnés respectivement par :

$$J_i = -\frac{\overline{D_i}.\overline{C_i}}{R.T} grad\mu_i = -\frac{\overline{D_i}.\overline{C_i}}{R.T}(\frac{\partial \mu_i}{\partial C_i} grad\overline{C_i} + V_i.gradP)$$

Où $\overline{D}(m^2.s^{-1})$: coefficient de diffusivité du constituant i dans la membrane, il est donnée par l'équation d'Einstein- Smoluchowski :

$$D = \frac{\Delta l^2}{2\Delta t}$$

Dont :

Δl^2: représente la dispersion (carrée de la distance du point de départ) de la molécule après un certain nombre de déplacements au hasard dus au mouvement brownien pendant le temps Δt.

D : représente la vitesse de déplacement d'un plan en m^2/s. Le surlignage correspond à la valeur du paramètre dans la membrane.

$\overline{C}$: La concentration moyenne du constituant i dans la membrane.

La relation d'Einstein relie le tout [Hoek E.M.V. et Al. 2002]:

$$D = \frac{k.T}{f} = \frac{R.T}{N.f}$$

Où :

k : Coefficient de Boltzmann, k = R/N.

f : Coefficient de frottement.

R : Constante molaire.

N : Nombre de moles.

Si l'on considère une particule sphérique de rayon r dans un milieu de viscosité η:

$f = 6.η.π.r$ et $D = \dfrac{k.T}{6\pi.\eta.r}$

le volume du particule s'écrit $V = \frac{4}{3}\pi r^3$ et D devient:

$D = \dfrac{Cte.T}{\sqrt[3]{M}}$, avec M : la masse de la particule.

Si on donne l'indice 1 au solvant et l'indice 2 au soluté, on obtient :

$$J_1 = -\frac{\overline{D_1}.\overline{C_i}.V_1}{R.T.z}(\Delta P - \Delta \pi)$$

Avec :

z(m) : épaisseur effective de la membrane.

ΔP(Pa) : différence de pression de part et d'autre de la membrane.

$\Delta \pi$ (Pa) : différence de pression osmotique de part et d'autre de la membrane.

Pour les membranes très sélectives, le terme V_i.gradP est négligeable devant le terme $\frac{\partial \mu_i}{\partial C_i} grad C_i$, et on obtient :

$$J_2 = -\frac{\overline{D_2}}{z}.\Delta \overline{C_2} = -\frac{\overline{D_2}.H}{z}\Delta C_2$$

Avec :

J_2 (kg.m^{-2}.s^{-1}) : flux de soluté à travers la membrane.

D_2 (m^2.s^{-1}) : coefficient de diffusion du soluté dans la membrane.

ΔC_2 (kg.m^{-3}) : différence de concentration du soluté dans la solution de part et d'autre de la membrane.

$H = \frac{\Delta \overline{C_2}}{\Delta C_2}$: Coefficient de distribution de soluté entre la solution et la membrane.

Si aucune des propriétés de la membrane ne dépend de la pression ou de la concentration des solutions, le terme $A = -\frac{\overline{D_1}.\overline{C_1}.V_1}{R.T.z}$ peut être considéré comme une constante de la membrane. De même, le terme $B = -\overline{D_2}.\frac{H}{z}$ peut être considéré comme une constante relative au transport de soluté.

A(kg.s^{-1}.Pa^{-1}.m^{-2}) : perméabilité de la membrane au solvant.

B(m.s^{-1}) : perméabilité de la membrane au soluté.

Et nous écrivons d'après [Maurel A. 1988, Bars D.L. 2001, Sagle A. et Al. 2004, Williams M.E. et Al. 1999, Trettin D.R. 1980, Mukherjee P. et Al. 2003, Chellam S. et Al. 2001, A1-Bastaki N.M. et Al. 1999]:

$$\begin{cases} J_1 = A(\Delta P - \Delta \pi) \\ J_2 = B.\Delta C \end{cases}$$

I-A-1-2-2- MODELE CAPILLAIRE :

Ce modèle considère que la membrane est un milieu poreux constitué d'une multitude de capillaires. Dans ce cas, la sélectivité et la perméabilité peuvent être déterminées à partir du diamètre de pore, du nombre de pores et de leur courbe de distribution. C'est le cas des membranes d'ultrafiltration et de la microfiltration [Maurel A. 1988].

I-A-1-2-3- MODELE PHENOMOLOGIQUE :

Il consiste à établir des relations linéaires entre les flux J_i et les gradients de transfert associés F_i, ou non associés F_j par l'intermédiaire de Coefficient phénomologique L_{ij}:

$$J_i = L_{ij}.F_i + \sum_{i \neq j} L_{ij}.F_j$$

Il s'agit de transferts couplés.

Et puisque il ne s'agit que de deux flux et de deux gradients de transfert, on peut écrire :

$$\left. \begin{array}{l} J_1 = L_P(\Delta P - \sigma \Delta \pi) \\ J_2 = \omega \Delta \pi + (1 - \sigma').\overline{C_2}.J_1 \end{array} \right\} : \text{Modèle de Kedem- Katchalsky}$$

Avec L_{ij} = L_{ji} pour i ≠ j : relation d'Onsager.

J_1 et J_2 (m.s^{-1}) : débits de solvant et de soluté à travers la membrane.

L_p (m.s^{-1}.Pa^{-1}): perméabilité au solvant.

ω (m.s^{-1}) : perméabilité au soluté.

σ, σ': Coefficients de réflexion de Steverman, où :

-pour une membrane complètement perméable, le coefficient de réflexion est égal à 1.

-pour une membrane complètement non perméable, le coefficient de réflexion est égal à 0.

-pour une membrane sélective, le coefficient de réflexion varie entre 0 et 1.

σ = 1 si taux de rejet R = 1 et σ = 0 si R = 0 [Maurel A. 1988].

Suivant les principes de la réversibilité microscopique dynamique et les principes d'Onsager : $\sigma = \sigma'$.

Ce coefficient, dans ce contexte, est lié seulement au flux convective de la solution, et pour $\sigma = \sigma' = 1$, il existe toujours un flux diffusif du soluté qui est proportionnel à sa perméabilité [Pharoah J.G. et Al. 2000].

La rejection (taux de rejet) est définie par :

$$R = 1 - \frac{\rho_p . Q_f}{\rho_f . Q_f}$$

Où le produit $\rho.Q$: représente la concentration C.

Les indices p et f : production et alimentation respectivement.

Et on peut écrire:

$$\begin{cases} J_1 = L_p.(\Delta P - \Delta \pi) \\ J_2 = \omega.\Delta \pi \end{cases}$$

Et puisque la différence de pression osmotique représente le gradient de concentration à travers la membrane, on peut écrire [Pharoah J.G. et Al. 2000] :

$$J_2 = \omega'.\Delta C$$

Nous notons que $\Delta C_p = \frac{J_2}{J_1}$

$$\Rightarrow \omega' = \frac{J_1(1-R)}{R}$$

Ce qui permet d'avoir finalement :

$$\begin{cases} J_1 = L_p.(\Delta P - \Delta \pi) \\ J_2 = \dfrac{J_1(1-R)}{R}.(C_f - C_p) \end{cases}$$

Pour le cas des membranes très sélectives, il n'a pas d'interaction entre le flux de soluté et le flux de solvant.

Dans ce cas, le modèle de Kedem- Katchalsky devient identique au modèle diffusionnel.

I-A-1-2-4- POLARISATION DE LA CONCENTRATION :

La polarisation est engendrée par l'accumulation progressive des espèces arrêtées à la surface de la membrane par l'effet des séparations à l'échelle moléculaire ou particulaire, ce qui provoque la diminution du flux de perméat, la variation de la sélectivité et la formation de tartre (CaSO4, CaCO3).

Le facteur de polarisation est défini par :

$$\gamma = \frac{C_m}{C_0}$$

Avec :

C_m : Concentration de soluté arrêtée dans la membrane.

C_0 : concentration moyenne de soluté dans la solution.

En régime stationnaire, le bilan de matière relatif à l'espèce retenue, dans la portion de couche limite comprise entre la membrane et la cote x (figure 3) [Maurel A. 1998], nous permet d'écrire :

$$J_1.C_{(x)} - D_2 \frac{dC_{(x)}}{dx} = J_1.C_p$$

Où

$J_1.C_{(x)}$: Densité de flux massique convectif

$D_2 \frac{dC_{(x)}}{dx}$: Densité de flux massique diffusif

$J_1.C_p$: Densité de flux massique transféré à travers la membrane.

Avec :

x : distance par rapport à la membrane.

$C_{(x)}$ (kg.m^{-3}) : concentration du soluté dans la couche limite à la cote x.

D_2 $(m^2.s^{-1})$: coefficient de diffusion du soluté à l'interface membrane- solution.

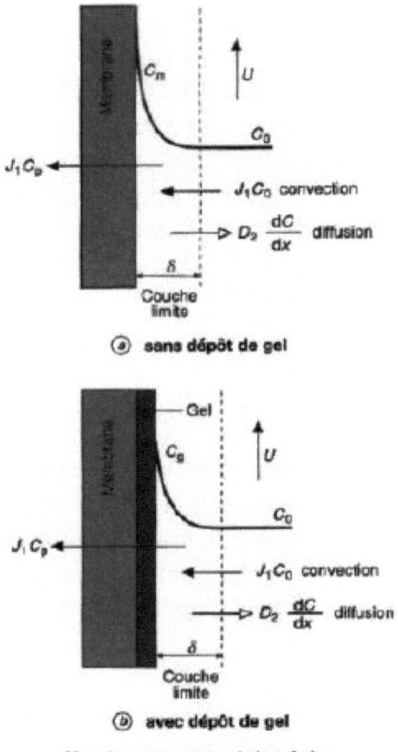

(a) sans dépôt de gel

(b) avec dépôt de gel

U vitesse moyenne de la solution

Figure 3: Bilan de matière de l'espèce retenue dans la couche limite de polarisation [Maurel A. 1998]

La théorie de film suppose qu'il existe une couche limite de polarisation d'épaisseur δ, située prés de la membrane.
L'équation précédente peut être reformulée comme suit :

$$J_1[C_{(x)} - C_p] = D_2 \frac{\partial C_{(x)}}{\partial x}$$

En intégrant :

$$J_1 \int_0^\delta dx = D_2 . \int_{C_m}^{C_p} \frac{dC_{(x)}}{C_{(x)} - C_p}$$

Avec C_p : concentration du soluté au niveau de la membrane.

On a : $\begin{cases} C = C_m \; pour \; x = 0 \\ C = C_0 \; pour \; x = \delta \end{cases}$

D'où: $J_1 = \frac{D_2}{\delta} . \ln\left[\frac{C_m - C_p}{C_0 - C_p}\right] = k.\ln\left[\frac{C_m - C_p}{C_0 - C_p}\right]$

Avec k : coefficient de transfert dans la membrane (de matière de soluté).

$$k = \frac{D_2}{\delta}$$

* pour un régime turbulent :

On a $\frac{k.d_h}{D_2} = Sh = \alpha_1 . Re^{\alpha_2} . Sc^{\alpha_3}$

Avec :

Sh : nombre de Sherwood ; $Sh = \frac{k.d_h}{D_2}$

Re : nombre de Reynolds ; $Re = \frac{d_h . U_p}{\mu}$

Sc : nombre de Schmidt ; $Sc = \frac{\mu}{\rho . D_2}$

d_h (m) : diamètre hydraulique

U (m/s) : vitesse du fluide

ρ(kg/m^3) : masse volumique du fluide

μ(Pa.s) : viscosité du fluide.

α_1, α_2, α3: sont des coefficients déterminés expérimentalement.

* pour un régime laminaire:

$$\frac{k.d_h}{D_2} = Sh = \alpha_1 . \left[Re.\frac{d_h}{L}\right]^{\alpha_2} . Sc^{\alpha_3}$$

Où L : chemin parcouru par le liquide à l'intérieure du module.

I-A-1-2-5- COLMATAGE :

Le colmatage c'est l'ensemble des phénomènes qui interviennent dans la modification des propriétés filtrantes d'une membrane, excepté la compaction et la modification chimique.

En l'absence de colmatage, le débit volumique de perméat s'écrit :

$$J_1 = \frac{\Delta P - \Delta \pi}{\mu . R_m}$$

Avec :

J_1 : en $m^3.s^{-1}.m^{-2}$.

μ(Pa.s) : viscosité dynamique du perméat.

R_m (m.-1) : résistance hydraulique de la membrane.

Lorsque la membrane se colmate, une résistance supplémentaire R_s s'ajoute à la résistance de la membrane R_m, et on écrit [Trettin D.R. 1980] :

$$J_1 = \frac{\Delta P - \Delta \pi}{\mu (R_m - R_s)}$$

R_s : inclut les résistances dues à l'adsorption R_a, au dépôt réversible et irréversible R_d et à la couche limite de polarisation R_{lim} [Maurel A. 1988] :

$R_s = R_a + R_d + R_{lim}$

I-A-1-3- CLASSIFICATION DES MEMBRANES :

La classification des membranes se fait sur plusieurs critères :

I-A-1-3-1- SUIVANT LE MECANISME DE SEPARATION:

Les processus qui jouent un rôle dans la séparation membranaire, sont: le tamisage, la friction sur les parois des pores, la diffusion à travers le matériau ou dans les pores, les forces de surface répulsives ou attractives, notamment la répulsion électrostatique.

On distingue [Tamas A.P. 2004]:

- les membranes poreuses, où les effets de tamisage et de friction jouent des rôles important mais où les forces de surface peuvent aussi joue un rôle important comme en nano- filtration.

- les membranes non poreuses (osmose inverse) : ces membranes peuvent être considérées comme des milieux denses où la diffusion des espèces a lieu dans les volumes libres situés entre les chaînes moléculaires du matériau de la membrane.
- les membranes échangeuses d'ions : considérées comme un type spécial de membranes non poreuses.

I-A-1-3-2- SUIVANT LA MORPHOLOGIE :

On distingue :
- les membranes à structure symétrique (isotrope) : ces membranes denses ou poreuses ont la même structure sur toute leur épaisseur.
- les membranes à structure asymétrique (anisotrope) : où la structure change d'une couche à une autre. Ce type se subdivise en : membrane polymérique et membrane composite : constitue de deux couches (peau et support).

I-A-1-3-3- SUIVANT LE MATERIAU DE FABRICATION:

On distingue [Berland J.M. et Al. 2002]:
- les membranes organiques : sont fabriquées dans la plus part de cas, à partir de polymères organiques (acétate de cellulose, polysulfones, polyamides).

- les membranes inorganiques : fabriquées à partir de matières céramiques, métal fritté et verre. Elles peuvent travailler dans des conditions extrêmes de température et d'agression chimique.
- les membranes composites : apparues au début des années 1990, sont des membranes asymétriques dont la peau est très fine, et caractérisées par une superposition de plusieurs couches différentiées soit par la nature chimique, soit par l'état chimique. Elles peuvent être organiques, organo- minérales ou minérales. Les membranes composites d'osmose inverse représentent 85% de l'utilisation mondiale des membranes (sur la base de la surface totale utilisée) [Wagner J. 2001].

I-A-1-3-4- SUIVANT LES DIAMETRES DE PORES (PARTICULES RETENUES):

Suivant ce critère [Pablo D.J. 2001], on trouve des membranes de microfiltration MF dont les pores sont comprises entre 1µm et 0,1µm, des membranes d'ultrafilration UF dont les pores varient de 0,1µm à 0,01µm, des membranes de nanofiltration NF où les pores varient de 0,01µm et 0,001µm, et les membranes d'osmose inverse (RO) ayant des pores inférieurs à 0,001µm (voir tableau 1).

I-A-1-4- PERFORMANCES DES MEMBRANES :
I-A-1-4-1- SELECTIVITE :

Elle est définie par le taux de rejet (taux de rétention) de l'espèce. Elle donne la proportion de la matière retenue par la membrane, par rapport à la concentration dans le flux d'alimentation.

Tableau 1: Application des différentes techniques membranaires

Techniques de séparation	Tailles des particules à arrêter	Application
Filtration conventionnelle	>2µm	Toutes !
Micro- filtration	2 à 0,05µm	Potabilisation et traitement des effluents
Ultra- filtration	50 à 1 nm	Agro- alimentaires, bio-industries, traitement de surface
Nano- filtration	1 à 0,4 nm	Elimination des ions multi-valants
Osmose Inverse	<0,4 nm	Production d'eau ultra- pure, dessalement
La taille de la molécule d'eau est de l'ordre de 0,3 nm		

I-A-1-4-2- PERMEABILITE :

Elle représente le flux volumique ou massique traversant la membrane par unité de surface membranaire.

I-A-1-4-3- CONVERSION :

Elle représente le rapport entre le flux de solvant traversant la membrane et celui d'alimentation.

I-A-1-4-4- RESISTANCE :

Vis à vis la pression, la température et les agents chimiques.

Nous notons que la sélectivité et la perméabilité dépendent directement de la pression et de la température. Une membrane, est utilisée toujours dans les limites bien définies de P, T et pH.

I-A-1-4-5- DUREE DE VIE :

Chaque membrane a une durée de vie, au delà de laquelle, la membrane ne sera pas performante (chute de rendement et de performances, dégradation de l'état, usures…).

I-A-2- MODULES D'OSMOSE INVERSE [Wagner J. 2001]:
I-A-2-1- MODULES SPIRALES:

Sont parmi les types de modules les plus utilisées dans le monde des membranes. A l'origine, ont été exclusivement conçu pour le dessalement, mais la conception compacte et le bas prix pousse beaucoup d'industrie à les utiliser, même en conception immergée (laiterie, jus, pulpe…), voir figure 4 et 8.

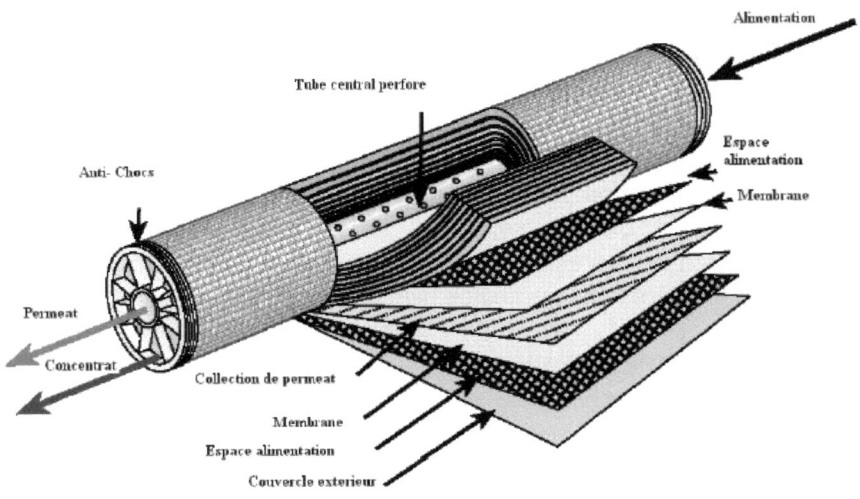

Figure 4: Module spirale [Wagner J. 2001]

I-A-2-2- MODULES TUBULAIRES :

Ayant une conception simple, ils sont très utilisés dans les laboratoires pédagogiques, à cause de la facilité de calculer le nombre de Reynolds et d'établir l'état théorique des coefficients de transfert de masse, voir figure 5. Les modules tubulaires ont de grands avantage : ils tolèrent les solides en suspension, et les filtres jusqu'à un degré élevé.

Leurs inconvénients sont :

-l'exigence de beaucoup d'espace.

-le changement de membrane à cause des difficultés et du temps.

-les modules à grand diamètre nécessitent beaucoup d'énergie.

-sont coûteux et moins souples.

-nécessitent de rinçage périodique (coûteux vis à vis les produits chimiques).

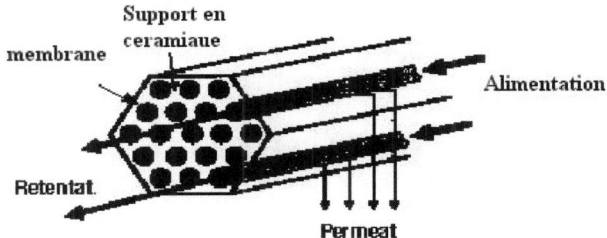

Figure 5: Module tubulaire [Wagner J. 2001]

I-A-2-3- MODULES PLANS ET EN PLAQUES :

Dominant le marché en Europe pendant 15ans, mais le manque de développement et le prix élevé ont arrêté leur expansion.

Le système de feuilles plates offre une conception très robuste mais coûteuse.

Certains systèmes modernes tolèrent une très forte pression (jusqu'à 100 bars), voir figure 6.

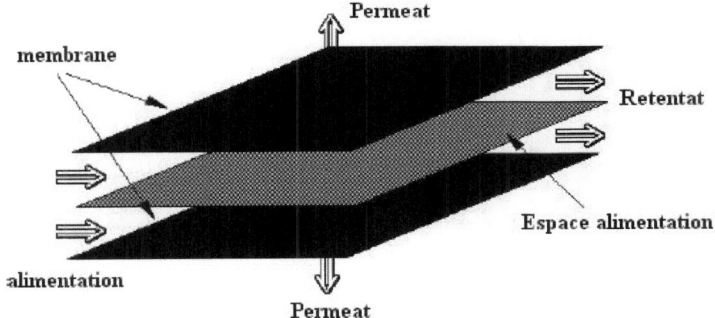

Figure 6: Module plan [Wagner J. 2001]

I-A-2-4- MODULES EN FIBRES :

Sont similaires aux modules tubulaires mais leur diamètres intérieurs est inférieur à 2mm (d'où vient leur nom). La différence qui les séparent des modules à grands diamètres c'est qu'elles sont des membranes sans support (sont mécaniquement faible). Ils sont utilisés beaucoup plus pour l'ultrafiltration.

I-A-2-5- MODULES EN CERAMIQUES :

Ils sont très chers. Théoriquement, sont très efficaces pour Le MF. En réalité, actuellement sont très peu sur le marché.

I-A-2-6- MODULES EN FIBRES CREUSES [Baker R.W. 2004] :

Les fibres en U sont mises en faisceau et assemblées de façon à réaliser l'étanchéité aux deux extrémités du module. Le liquide à traiter circule perpendiculairement à l'axe des fibres, tandis que le concentrât est recueilli dans une enceinte qui enveloppe le faisceau et permet son évacuation à l'une des extrémités du module. Le perméat s'écoule à l'intérieur de chacune des fibres puis dans un collecteur, voir figures 7 et 8. Ce type de modules nécessite un prétraitement adéquat.

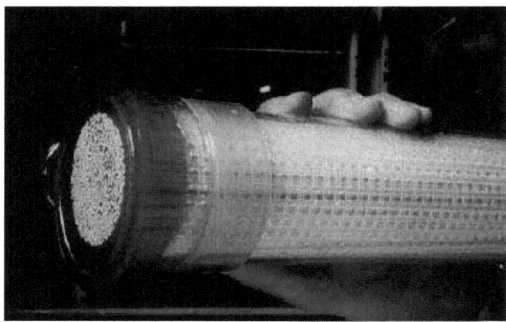

Figure 7: Module en fibres creuses [Baker R.W. 2004]

En conclusion : dans le domaine de dessalement, les modules spirales et en fibres creuses sont les plus utilisés, dont le tableau n°2 donne une comparaison entre les deux [Morales G. et Al. 2002]:

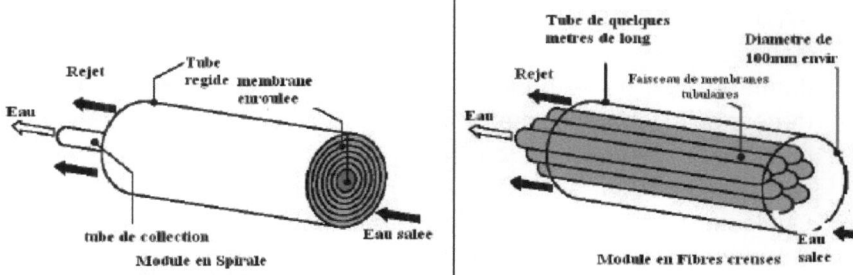

Figure 8: Structures des modules en spirale et fibres creuses
[Morales G. 2002]

Tableau 2: Comparaison entre modules spirale et en fibres creuses

Type	Modules en Fibres creuses	Modules Spirales
Avantages	-moins chères -conversion élevée -réparation facile -remplacement facile	-résistance au colmatage -maintenance facile -variété de matériaux et fabricants
Inconvénients	-sensible au colmatage par matières colloïdes -nombre limité de matériaux et fabricants	-conversion faible -surface modérée de la membrane
Fabricants	-Tory -Dow/Filmtec -Koch/fluidosystem -NittoDenko/Hydranautics -Violea	-Toyobo -DuPont
Matériau	Polyamides aromatiques	Cellulose triacitates
Morphologie	Membranes asymetriques	Membranes composites

I-A-3- PRISE D'EAU :

La prise d'eau pour une usine de dessalement, peut être dérivée de la plage à partir d'un puits ou d'une prise ouverte sur mer. Néanmoins, pour les grandes usines, on projette habituellement des prises de dernier type [Pankratz T. 2004].

I-A-3-1- PUITS COTIERS :

Habituellement, l'alimentation de l'eau à partir de cette source donne la plus haute qualité : absence d'activité biologique et SDI (teneur en silts) approximativement égale à l'unité. L'eau pompée du puits est délivrée à basse pression vers le système de prétraitement.

Quelques puits peuvent contenir les sulfates d'hydrogène dissous qui n'affectent pas les modules d'osmose inverse, mais nécessite des précautions vis à vis la présence des oxydants (air, chlore, etc).

Le mauvais choix du puits (position, conception, construction) peut engendrer de vrais problèmes pour le fonctionnement de l'usine de dessalement : en pratique, dans certains cas, en risque de pomper l'eau de la nappe au lieu de celle de la mer, ce qui provoque de sérieux problèmes (invasion de la nappe par les eaux salées, et modification complète de la conception de l'usine).

La figure n°9 [Pankraz T. 2004] montre l'emplacement et l'équipement adéquat des puits côtiers.

I-A-3-2- PRISE OUVERTE SUR MER :

L'équipement d'une prise ouverte nécessite :
- conduit ouvert avec crépine de prise au point terminal.
- tubage crépiné.
- pompes en mer.
- cuvette de freinage et pompe de mise en pression.
- prétraitement adéquat.

Toute la tuyauterie doit être rendue étanche à la lumière (enterrée ou peinturée) pour éviter le développement des algues.

La figure n°10 [Pankraz T. 2004] montre l'emplacement et l'équipement adéquat d'une prise en mer.

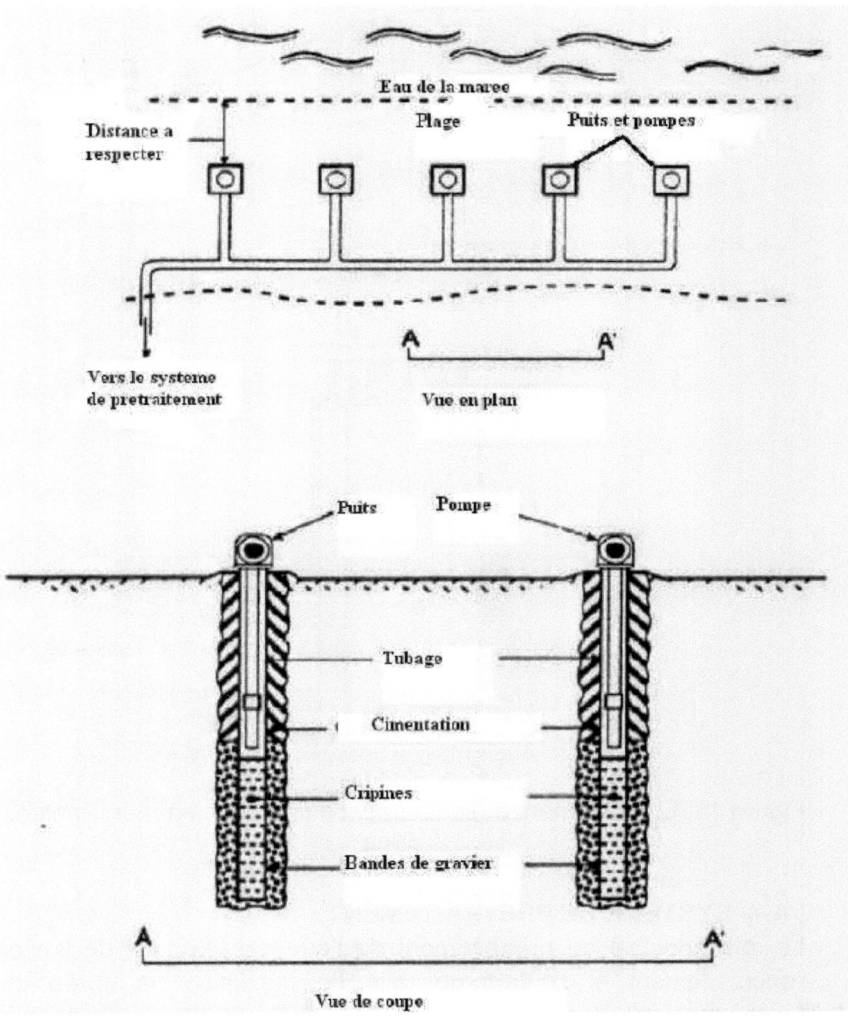

Figure 9: Emplacement et équipement de puits côtiers [Pankraz T. 2004]

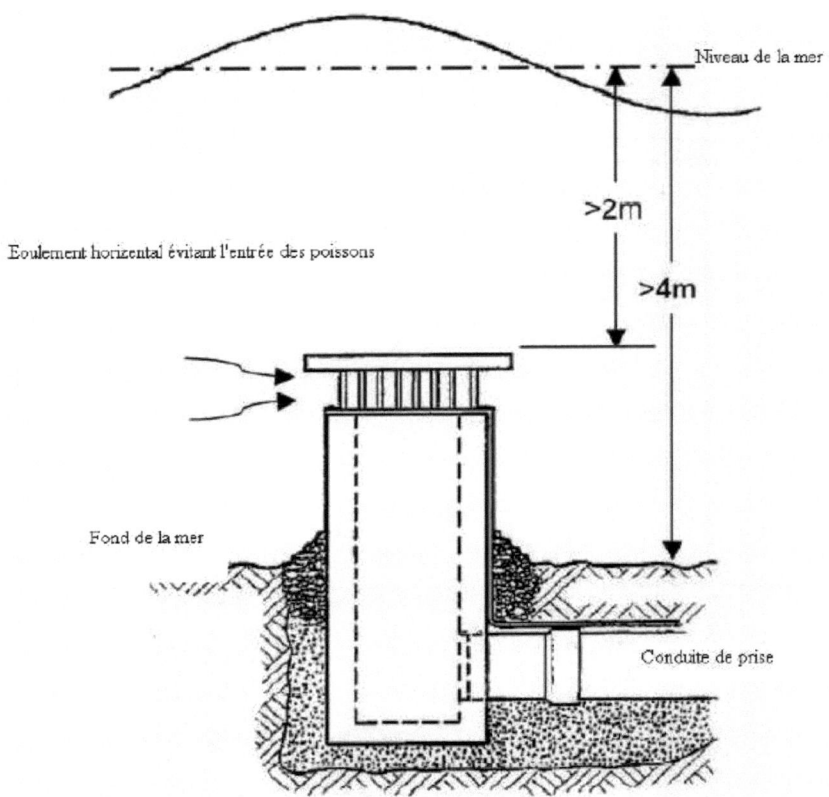

Figure 10: Emplacement et équipement d'une prise en mer [Pankraz T. 2004]

I-A-4- SYSTEME DE PRETRAITEMENT :

Le rôle principal du prétraitement de l'eau dessaler est de limiter l'encrassement et l'entartrage, afin de maximiser la durée de fonctionnement des membranes [DANIS P. 2003], ça concerne principalement la teneur en chlore, le pouvoir encrassant (colmatage) et les précipitations de sels en sursaturation.

I-A-4-1- CHLORATION :

L'injection de Chlore ou de son équivalent de Javel, sera faite dés la prise d'eau pour éviter tout développement biologique dans l'eau

d'alimentation. Cependant les membranes ne supportent pas la mise en contact avec le chlore. On recommande l'injection d'un réducteur de chlore tel que le bisulfite de sodium ou un produit équivalent pour que l'eau arrive sur les membranes contenant moins de 0,1ppm de chlore libre [DANIS P. 2003].

I-A-4-2- POUVOIR ENCRASSANT (COLMATAGE) :

On peut considérer l'osmose inverse comme procédé de filtration à l'échelle moléculaire, toute particule de dimension supérieure à une molécule, sera retenue à fortiori. C'est évidement le cas des matières en suspension et colloïdales. Leur accumulation à la surface de membrane provoque une baisse continue des performances (débit, salinité) [DANIS P. 2003].

Les différents types de colmatage sont [Bertrand S. 2004] :
-Scaling ($CaCO_3$, $CaSO_4$, $BaSO_4$, $SrSO_4$, CaF_2).
-Colmatage organique.
-Biofouling.
-Colmatage colloïdal (SiO_2,S) et hydroxydes métalliques $Fe(OH)_3$...

Les indicateurs de colmatage sont [Bertrand S. 2004]: la baisse de la perméabilité, l'augmentation de la perte de charge longitudinale et l'accroissement du passage de sels. Si ce phénomène est mal estimé, il aboutit rapidement dans le pire des cas, un colmatage irréversible.

Le 2eme rôle du prétraitement est de réduire le pouvoir encrassant de l'eau.

Comme la mesure des matières en suspension n'est pas suffisante, une méthode empirique a été mise au point consistant à mesurer le temps de passage d'un volume d'eau connu à travers une membrane de porosité calibré à 0,45µm. Plus le temps de passage est court, plus le pouvoir encrassant de l'eau est faible. Une formule converti ce temps en indice appelé le Silt Density Index qui soit inférieur à 5 (SDI <5) pour l'osmose inverse.

Pour des eaux chaudes et chargées en algues, une prise sur puits côtier peut assurer cette condition.

I-A-4-3- CONTROLE D'ENTARTRAGE (seuil de solubilité des sels dans le rejet):

L'autre cause de colmatage est la précipitation de sels au niveau du rejet.

Les sels de calcium peu solubles, sont les premières causes d'entartrage.

Connaissant leur concentration dans l'eau de mer, il est indispensable de calculer leur concentration dans le rejet en fonction de la conversion souhaitée et d'évaluer le risque de précipitation.

La méthode consiste à :

-fixer une conversion y, et par la suite un facteur de conversion FC.

-supposer que la température n'évolue pas entre l'entrée et la sortie du module, et que la concentration du sel étudié augmente du facteur FC dans le rejet :

$$FC = \frac{1}{1-y}$$

Si on considère le sel très répondu : le sulfate de calcium CaSO4, la concentration des sulfates dans le rejet est :

$\left[SO_4^{--}\right]_R = FC\left[SO_4^{--}\right]_A$ avec R : rejet et A : alimentation.

De même : $\left[Ca^{++}\right]_R = FC\left[Ca^{++}\right]_A$

Le produit de solubilité du sulfate de calcium dans le rejet est :

$$PS_R = \left[Ca^{++}\right]_R.\left[SO_4^{--}\right]_R = \left[Ca^{++}\right]_A.\left[SO_4^{--}\right]_A.FC^2$$

Si PS_R < K_S (valeur limite : produit de solubilité limite) : pas de sursaturation, la conversion choisie peut être retenue.

Si PS_R > K_S : il y a une saturation : la solution est ; soit prendre une conversion plus basse, soit prévoir l(injection d'un inhibiteur d'entartrage et reprendre le calcul en introduisant le nouveau produit de solubilité admissible. La valeur de ce dernier est définie par le fabricant de l'inhibiteur.

Le plus ancien des inhibiteurs est l'hexametaphosphate de sodium. On doit vérifier auprès du fournisseur de la membrane, la compatibilité chimique entre l'inhibiteur et la membrane.

En pratique, il existe plusieurs procédés dont le tableau n°3 les résume [Riboni E. 2002].

Tableau 3: Procédés de prétraitement

Procédé	Fonction
Filtre à sable	Enlever les particules de taille importante
Charbon actif	Elimination du chlore (Cl_2) et des composés organiques
Adoucisseur	Enlever les ions divalents, prévenir le tartre
Injection d' acide (de base)	Réglage du pH
Injection de métabisulfite de sodium	Elimination du chlore (Cl_2)

I-A-5- POMPES DE MISE EN PRESSION :

Le débit, la perte de pression et la pression osmotique déterminent ensemble la pression de l'eau d'alimentation nécessaire. On utilise alors un système de pompage (une ou plusieurs pompes) qui permet un débit élevé que celui théoriquement nécessaire pour garder la pression d'alimentation continue. Il est recommandé, si convenable, d'utiliser de grandes pompes qui donnent un rendement élevé à prix réduit avec opération flexible, cela va réduire le nombre de pompes à utiliser (exemple : l'usine d'Ashkalon où le nombre a été réduit de 16 à 4) (figure 11). L'efficacité de grandes pompes est 5% plus que celle des petites pompes, avec un coût spécifique sensiblement inférieur [Liberman B. 2004]. Ce choix est justifié aussi par le fait de mettre une pompe de réserve pour le système mieux que de mettre plusieurs petites pompes.

Il faut remarquer que les pompes volumétriques à piston, ont un rendement supérieur à celui des pompes centrifuges, mais ne sont pas adaptées aux débits supérieurs à 100 m³/h [Corsin P. 2005].

Figure 11: Pompe centrifuge à haute pression

I-6- TURBINES :

Dés que l'eau passe à travers les modules d'osmose inverse, il y a intérêt de récupérer l'énergie hydraulique du concentrât (rejet) qui est de l'ordre de 55% de celle nécessaire à la mise en pression [Corsin P. 2005].

Les premiers systèmes de récupération de l'énergie ont utilisé des pompes centrifuges multi étagées, fonctionnant en turbine.

Les turbines les plus adaptées aux usines de dessalement –vu la pression élevée- sont de type Pelton (roue Pelton: figure 12), ayant un rendement d'environ 90% [Migliorini G. et Al. 2004].

Figure 12: Turbines Pelton pour récupération de l'énergie

La puissance nécessaire aux pompes haute pression peut être fournie par le moteur électrique et la turbine de récupération, ou bien on utilise une pompe centrifuge alimentée par la turbine et reliée en série avec celle de haute pression.

Un nouveau système développé récemment peut donner un rendement de 95%, consiste à transférer l'énergie hydraulique directement dans le circuit d'alimentation haute pression à l'aide d'un échangeur de pression à piston, fonctionnant alternativement : alimentation des modules- évacuation du rejet. Le système comprenant une pompe haute pression, in ensemble d'échangeurs de pression associés à des distributeurs d'eau salée et de rejet, une pompe de surpression qui compense les pertes de charge dans le circuit de rejet et dans les échangeurs afin d'amener l'eau à la même pression que celle refoulée par la pompe haute pression [Migliorini G. et Al. 2004].

Ce système permet de réduire la taille de la pompe haute pression, son débit étant égal à celui de la production, tandis que le débit de la pompe de surpression est égal à celui du rejet [Corsin P. 2005].

I-A-7- SYSTEME DE POST TRAITEMENT- ADOUCISSEMENT:

Le système de post- traitement concerne la phase d'adaptation de l'eau dessalée à la consommation.

Il est nécessaire de dégazer pour éliminer l'acide carbonique (causé par l'acidification en prétraitement) et l'hydrogène ($H2S$ souvent présent dans les eaux souterraines) qui passe à travers les membranes.

Le post- traitement de l'eau dessalée par OI est habituellement nécessaire, il ne dépend pas du dispositif de dessalement, de l'arrangement ou de la nature chimique des membranes. Le degré et le type de post traitement souhaité dépendent essentiellement de l'utilisation de cette eau dessalée.

Par exemple, l'eau d'AEP nécessite une désinfection et un traitement de prévention contre la corrosion des tuyauteries et des différents équipements.

Si l'hydrogène sulfurée $H2S$ est présent : le dégazage est à envisager. Si l'eau dessalée est à utiliser dans les chaudières à haute pression : on envisage de compléter la déminéralisation pour éviter l'entartrage, et de deoxygéner pour minimiser la corrosion.

Si on prévoie de produire de l'eau pure (pour l'industrie haute technologie): le post- traitement doit comprendre une complète déminéralisation, une stérilisation et une élimination des solides en suspension.

Le plus souvent, le post- traitement consiste à : compléter la déminéralisation, l'ajustement du pH, traitement de réduction de la corrosivité, la désinfection et le dégazage.

I-B- QUALITE DE L'EAU:
I-B-1- QUALITE DE L'EAU D'ALIMENTATION (EAU SALEE) :

La mer est la principale source de l'usine de dessalement.

La salinité de l'eau de mer mesure la concentration en sels dessous, elle s'exprime en g/l, mg/l ou en ppm.

Les salinités les plus faibles se rencontrent au voisinage des pôles. La quantité des sels dissous augmente au fur et à mesure que l'on se rapproche de l'équateur, elle peut dépasser 50g/l dans les certaines zones.

Le tableau n°4 donne la composition standard de l'eau de mer océanique.

Tableau 4: Composition standard de l'eau de mer océanique

Cations	mg/l	Anions	mg/l
Sodium	11035	Chlorures	19841
Magnésium	1330	Sulfates	2769
Calcium	418	Bicarbonetes	146
Potasium	397	Bromures	68
Strontium	14	Fluorures	1,4
Salinité totale : 36,047 g/l			

En dehors du chlorure de sodium qui représente 85% de la salinité totale, on note la présence des ions bicarbonates, calcium et sulfates. Ces ions sont des sources potentielles d'entartrage selon la température, le pH et la concentration.

La température de l'eau de mer peut varier de quelques degrés sur les cotes sous l'influence des courants polaires jusqu'à 35°C dans certaines régions.

La production des membranes d'osmose inverse augmente de 3% par degré Celsius [DANIS P. 2003]. Pour une unité de dessalement, on doit déterminer les valeurs minimales et maximales de l'eau de mer.

L'eau de mer contient aussi de la matière en suspension : les micro-organismes, le plancton, les algues et les sables. La pollution par des rejets urbains ou industriels peut devenir prépondérante. Le site de la prise d'eau et sa conception seront choisis pour éviter toute pollution et limiter l'apport de la matière en suspension qui peut provoquer le colmatage.

I-B-2- QUALITE DE L'EAU PRODUITE :

Une eau est définie par sa qualité physico- chimique et biologique.

La qualité de l'eau produite est définie par son usage (domestique, industrie-refroidissement-, irrigation, etc). Cet usage est limité par des normes d'utilisation définissant les valeurs maximales admissibles pour tous les éléments physiques, chimiques et biologiques. Nous notons que ces valeurs limites sont différentes suivant les normes (OMS, USA, Européenne, Française, Japonaise, etc). Certaines normes sont très exigeantes pour certains éléments et moins exigeantes pour certains d'autres.

Pour l'eau dessalée destinée à l'AEP, il est primordial de contrôler la TDS (total dissolved solides) et la teneur en Bore (qui est petite molécule non ionisée pour des pH<8) [Bertrand S. 2004].

Pour la TDS, la norme OMS la fixe à 1000 ppm [World Health Organization 2004]. Pour le Bore, la valeur guide OMS est de 0,5 ppm, tandis que la norme Française [Journal officiel de la république Française], ainsi que la norme Européenne [Bertrand S. 2004], la fixe à 1 ppm.

I-C- PROCEDES D'OSMOSE INVERSE:
I-C-1- SYSTEME MONO- ETAGE :

Un système de dessalement par osmose inverse est un système composé d'une amenée d'eau salée en passant par un système de pompage pour la mise en pression, qui refoule l'eau sous une pression élevée vers les modules d'osmose inverse. Les modules sont montés tous en parallèle. Chaque module comporte deux sorties : une sortie de l'eau moins concentrée en sels (perméat: production) sous une pression très réduite, et une sortie de l'eau plus contenant plus de sels (retentât : rejet) sous une pression élevée dont le montage d'un système de récupération de l'énergie sur cette sortie est très utile (figure 13).

Les sorties production des différents modules sont collectées pour donner la production totale du système de dessalement, alors que les différentes sorties rejet sont collectées pour former le rejet total du système.

Dans certains contextes, pour économiser de l'eau (dessalement de l'eau saumâtre), on peut envisager un recyclage du rejet vers le circuit alimentation afin d'augmenter la conversion.

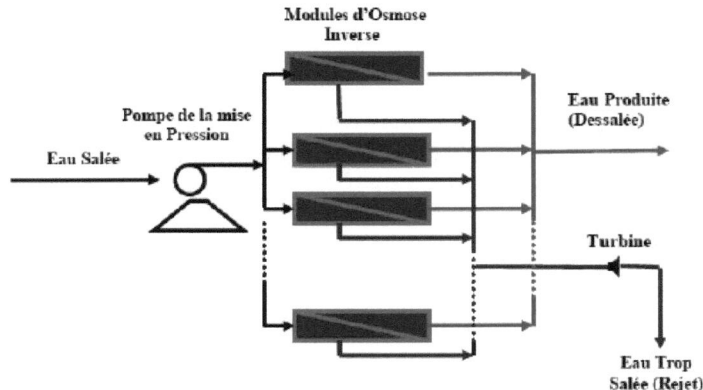

Figure 13: Système de dessalement par osmose inverse
mono étage avec récupération de l'énergie

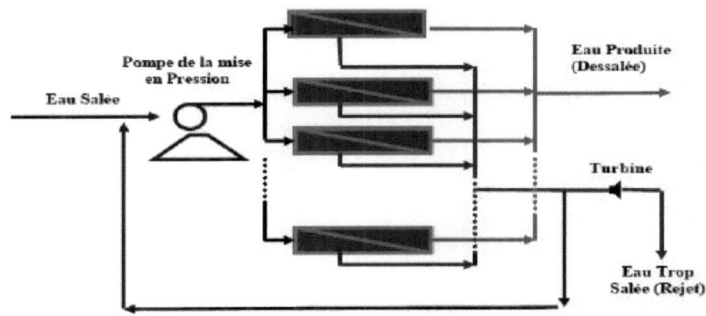

Figure 14: Système de dessalement par osmose inverse mono étage avec recyclage et récupération de l'énergie

A la sortie rejet ; l'eau sorte à une pression importante dont l'installation de turbines pour récupérer de l'énergie est toujours utile (voir figure 14).

I-C-2- SYSTEMES DI- ETAGES EN SERIE REJET :

Un système d'osmose inverse di- étagé en série rejet, est composé principalement par un ensemble d'étages dont le rejet de chaque étage alimente l'étage suivant et ainsi de suite, c'est-à-dire que l'alimentation de chaque étage a des caractéristiques identiques aux celles du rejet de l'étage précédent. Les productions de l'ensemble des étages sont collectées pour donner à la fin, la production totale du système. Le rejet du système c'est celui du dernier étage, qui se relie à une turbine (pour le cas de récupération de l'énergie) pour réaliser la détente de la pression du rejet (voir figure 15). Chaque étage est composé d'un ensemble de modules montés en parallèle, et caractérisé par une production, un rejet, une qualité de la production, une qualité du rejet, un débit de production modulaire, un débit de rejet modulaire, une pression de la production, une pression du rejet, une perte de charge, une conversion, un nombre de modules etc.

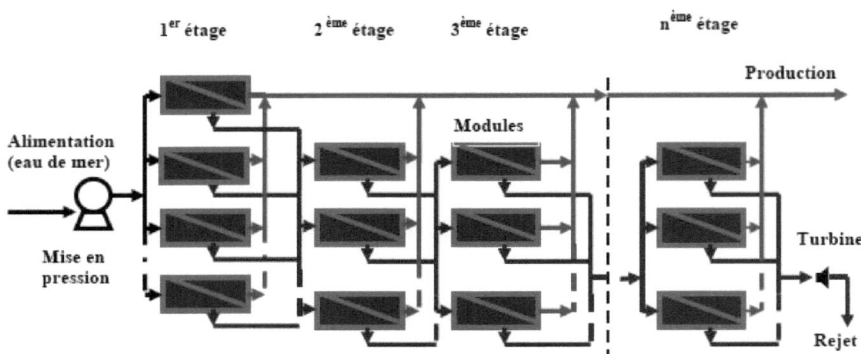

Figure 15: Schéma général d'un système d'osmose inverse
di- étages en série rejet avec récupération de l'énergie

Les systèmes d'osmose inverse di- étages en série rejet S.O.I.D.E.S.R ont comme caractéristique ; l'augmentation de la conversion totale du système d'osmose inverse par traitement des débits à rejeter à travers l'installation d'un ensemble d'étages sur la phase rejet. Cette technique permet d'utiliser encore davantage de l'énergie (pression) de l'eau de rejet. Ces avantages permettent de diminuer les coûts de dessalement, ce qui permet par conséquence, d'améliorer le prix de revient de l'eau dessalée. Elle permet aussi d'améliorer l'efficience économique de l'ensemble des procédés industriels utilisant la technique d'osmose inverse [Metaiche M. et Al. 2004, DuPont 1994].

Il y a lieu aussi de signaler que les systèmes d'osmose inverse di- étages en série rejet S.O.I.D.E.S.R : peuvent conduire vers un compromis entre la qualité de l'eau produite par dessalement et son prix de revient, ce qui abaisse d'avantage ce dernier [Metaiche M. et Al. 2005, Maurel A. 1996, Al-Mutaz I.S. et Al. 1989, El-Saie M.H.A. 1990, Nooijen W.F.J.M. et Al. 1992, Malek A. et Al. 1996].

I-C-3- SYSTEMES DI- ETAGES EN SERIE PRODUCTION:

Un système d'osmose inverse di- étagé en série production, est formée par un ensemble d'étages dont la production de chaque étage alimente l'étage suivant et ainsi de suite, de sorte que l'alimentation de chaque étage a des caractéristiques identiques aux celles de la production de l'étage précédent. Les rejets de l'ensemble des étages sont collectés pour donner à la fin, le rejet total du système, qui se relie à une turbine si nécessaire pour le récupération de l'énergie (voir figure 16) [Maurel A. 1996, Malek A. et Al. 1996, Metaiche M. et Al. 2005, Al Zubaidi A.A.J. 1989, Metaiche M. et Al. 2002].

La production du système est celui du dernier étage. Chaque étage est composé d'un ensemble de modules, et caractérisé par une production, un rejet, une qualité (concentration) de la production, une qualité du rejet, un débit de production modulaire, un débit de rejet modulaire, une pression de la production, une pression du rejet, une perte de charge, une conversion, un nombre de modules etc.

La caractéristique principale d'un système d'osmose inverse di-étages en série production est ; qu'il permet d'atteindre la qualité (concentration en sels) voulue dans la production finale. A chaque augmentation du nombre d'étages, la qualité s'améliore, la concentration en sels diminue et le taux d'élimination de sels s'élève considérablement [Maurel A. 1996].

Ce type de système est utilisé pour le dessalement des eaux de mer (spécialement lorsqu'elles sont très chargées en sels), où bien lorsqu'une qualité élevée est exigée.

Nous notons que le champ d'utilisation de ces systèmes dans le secteur de dessalement est étendu actuellement pour donner de meilleures conditions économiques afin de réduire encore les coûts, en employant les techniques de plusieurs pass et les techniques de mélange [Al Zubaidi A.A.J. 1989, Metaiche M. et Al. 2002, Metaiche M. et Al. 2003, DuPont 1994, Metaiche M. et Al. 2002, Metaiche M. et Al. 2001].

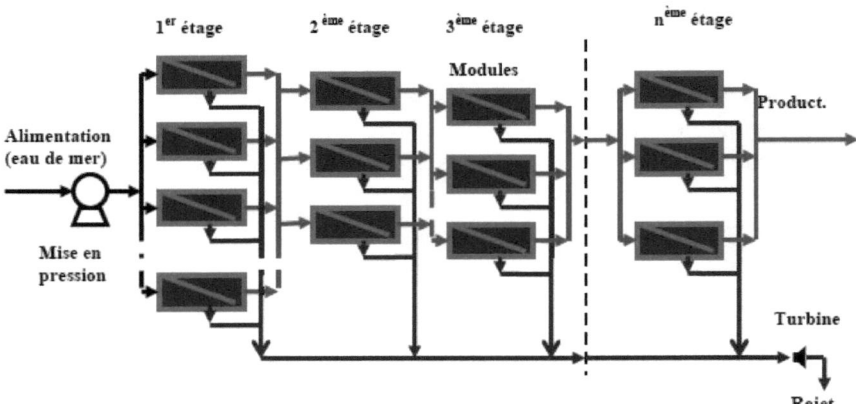

Figure 16: Schéma général d'un système d'osmose inverse di
étages en série production avec récupération de l'énergie

I-C-4- SYSTEMES DI- ETAGES HYBRIDES REJET-PRODUCTION :

Les systèmes hybrides d'osmose inverse se montent en série rejet et en série production en même temps. D'une manière globale : monter un étage (ensemble de modules en parallèle) en rejet d'un étage précédent, vise à améliorer le rendement quantitative (conversion), tandis que son montage en production vise à améliorer le rendement qualitative (taux de rejet), la figue n°17 , montre le schéma d'un système hybride où le débit produit en premier étage passe par un deuxième étage pour améliorer la qualité davantage, et le rejet du deuxième étage qui est d'une qualité supérieure à celle de la source (eau de mer) passe par un troisième étage pour augmenter la conversion.

Il existe une multitude de solutions pour ce type de systèmes, dont les objectifs à atteindre et l'outil efficace d'optimisation sont les seules capables de la concevoir d'une manière adéquate.

Généralement, les étages montés sur une sortie rejet s'appellent stages (étages), tandis que les étages montés sur une sotie production s'appellent pass.

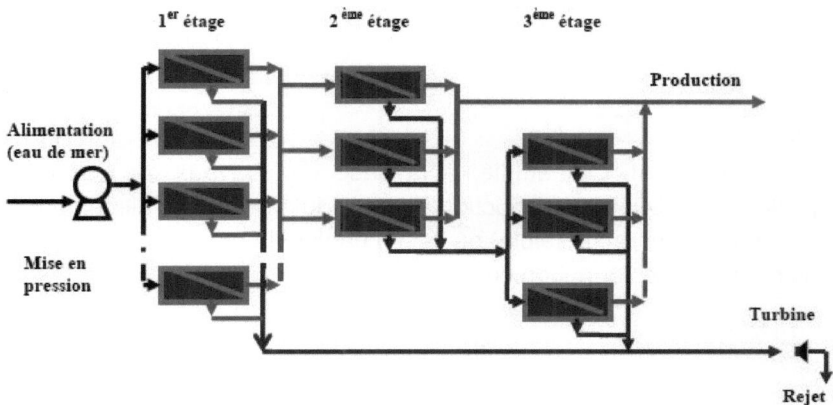

Figure 17: Exemple d'un système hybride d'osmose inverse

I-D-MODELISATION DES PERFORMANCES DES MEMBRANES D'OSMOSE INVERSE

I-D-1- MODELES DE DEBIT (MODELES HYDRAULIQUES):

-Harmans a été le premier à introduire les résultats des études analytiques de Berman [Sekino M. 1995, Sekino M. 1993], étudiant les caractéristiques de l'écoulement dans un tube à parois perméables dans le cadre de l'analyse des mécanismes de l'écoulement dans un module à fibres creuses. Il a supposé que le modèle d'écoulement est celui de Hagen- Poiseuille. Puis il a ajouté les principales équations : celle de l'écoulement à l'intérieure de la fibre creuse, combinée avec l'équation de transport à travers la membrane :

$$\begin{cases} -\dfrac{dP_p}{dz} = \dfrac{128\mu.Q_p}{\pi d_i^{\,4}} \\[2mm] \dfrac{dQ_p}{dz} = \pi.d_0.J_v \\[2mm] J_v = A(P_B - P_p) \end{cases}$$

$$\Leftrightarrow \frac{d^2P}{dz^2} = -a^2.(P_B - P_p)$$

Où $a^2 = 128\mu.d_0.A.d_i^{\,4}$

- Orofino et Al. Ont étudié, à la base des travaux de Harmans [Sekino M. 1995], la production d'un module pour une alimentation diluée (concentration faible) où ils ont négligé la pression osmotique. Ils ont proposé l'équation suivante :

$$P_p - P_B = M.e^{az} + N.e^{-az}$$

Dont la résolution suivant les conditions aux limites donne :

$$P_p - P_B = -P_B.Cosha.(L - z)/Cosh(aL)$$

Cependant le débit à la sortie d'un filtre z=0 est donnée par :

$$Q_{p0} = (a\pi d_i^{\,4}.P_B/128\mu)\tanh(aL)$$

- Chen and petty ont proposé [Sekino M. 1995] de combiner l'équation de transport dans la membrane avec celle de l'écoulement à l'intérieure de la fibre creuse. Caraciolo and Smith [Sekino M. 1995] ont donné une équation reliant le diamètre intérieur de la fibre creuse d_i et sa longueur active L_a :

$$d_i = \frac{[A.P.L_a.\beta.(L_s + L_a/3)]^{1/3}}{d_i/d_0}$$

Où $\beta = \frac{128\mu}{\pi\rho.g}$

Admettant que la productivité maximale par unité de volume du module fibre creuse, d'après Doshi et Al., est donnée par :

$$\frac{Q_p}{V} = \frac{1-\varepsilon}{d_0}.\frac{A.\Delta P}{a.L_A.[Coth(a.L_A) + a.L_A.(L_s/L_A)]}$$

Où a : comme c'est défini précédemment.

ε: Porosité d'un faisceau de fibres creuses.

Ces travaux comme montré, traitent seulement la productivité de module (suivant la loi de Darcy), sans tenir compte de la concentration. Plus tard, Hanbury et Al. et Evangelista and Jonson ont proposé expérimentalement, qu'il est nécessaire de prendre en considération la perte de pression à l'intérieur du fibre creuse, et ils ont mesuré la pression à l'intérieur de fibre par l'introduction de la jauge de pression dans le module.

I-D-2- MODELES REALISTES :

- Gill and Bansal ont développé un modèle plus rigoureux [Sekino M. 1995], en proposant la négligence de la porosité de la concentration et une membrane ayant un taux de rejet.
- Ils ont donné une relation entre les rapports sans dimensions : la concentration de la production $\theta_p = \dfrac{C_p}{C_f}$ et la conversion $y = \dfrac{Q_p}{Q_f}$:

$$\theta_p = \frac{C_p}{C_f} = \frac{1-(1-y)^{1-R}}{y}$$

Où R : taux de rejet : $R = \dfrac{C_f - C_p}{C_f} = 1 - \dfrac{C_p}{C_f}$

Ce modèle qui a bien estimé le débit produit, a sous estimé la concentration de la production, résultant de la supposition du modèle taux de rejet de la membrane.
- Dandavati et Al. ont utilisé [Dandavati M.S. et Al. 1975, Rautenbach R. et Al. 1987] un modèle plus réaliste du transport dans la membrane, qui est le modèle solution diffusion, pour améliorer les travaux de Gill and Bansal. Pour l'estimation de la concentration de la production, leurs analyses donnent des bons résultats seulement pour des solutions moins concentrées (<15000 ppm).
- Kabadi et Al. Ont développé le travail de Dandavati et Al. [Sekino M. 1995], en utilisant le modèle Solution- diffusion- imperfection proposé par Scherwood and Al. Ils ont effectué leurs analyses sur des écoulements radiaux pour un système à fibres creuses, et ont

enrichi les analyses pour tenir compte de la variation axiale de la concentration à l'intérieur du cartouche. Leur modèle proposé (formé de l'équation de transport dans la membrane, de l'équation de l'écoulement et l'équation de continuité) nécessite une résolution numérique. Ainsi, ils ont calculé la conversion et le débit produit par :

$$
\begin{cases}
y = 1 - y_T . \int_0^1 V_0(z, y_R).dz \\
Q_p = \dfrac{1}{y}\left[1 - y_T . \int V_i(y_T).TR_i(y_T).dz\right]
\end{cases}
$$

Où $y_T = \dfrac{D_0}{D_1}$ et V_i: vitesse radiale sur la paroi (sans dimension).

Il est à noter que ce modèle n'est pas parfait à cause de la dépendance de la concentration à la perméabilité du solvant et au coefficient de débit dans les pores.

- Soltanieh and Gill ont développé [Gill W.N. et Al. 1988, Soltanieh M. et Al. 1984] d'autre modèle analytique basé sur la proposition de le mixage (mélange) complet du fluide dans le module pour se débarrasser de la complexité du modèle précédent. Suivant ce modèle, la concentration des sels est uniforme sur la paroi et à la sortie du module. Ainsi, ils ont donné le taux de rejet par :

$$
\frac{1}{R} = 1 + B\frac{1}{J_v}
$$

Ils ont suggéré que la relation entre $1/R$ et $1/J_v$ soit linéaire est indépendante de type du modèle de transport dans la membrane utilisée, et ont réclamé que le modèle peut expliquer les performances du module. Ce modèle semble très simple pour une réelle prédiction par le fait de négliger l'effet de l'écoulement interne du fluide.

- Ohia et Al. ont obtenu [Ohya H. et Al. 1987] les paramètres de transport dans la membrane et le coefficient moyen de transfert de masse du module à fibres creuses, par la prise en compte de :

$\left\{\begin{array}{l} \text{- l'effet de la polarisation de la concentration} \\ \text{- et le modèle de Kimura - Sourirajan} \end{array}\right.$

Et de les coupler avec l'équation de continuité.

Ils ont résolu numériquement ces équations par le biais des données expérimentales, mais ils ont négligé la perte de pression à l'intérieur des fibres (conduisant à supposer une force d'entraînement non réelle).

- Evangelista and Jonsson : ont proposé [Sekino M. 1995] un modèle analytique en utilisant un modèle de transport dans la membrane à trois coefficients (Modèle de Pusch: Modèle Kedem-Katchalsky), qui prend en considération : la perte de pression à l'intérieur de fibre, et le coefficient de transfert de masse à la paroi. Ce modèle donne de bons résultats pour les eaux saumâtres, tandis que pour les eaux de mer, la fiabilité n'est pas confirmée.

I-D-3- MODELES PLUS DEVELOPPES :
I-D-3-1- MODELE PCF :

Proposé par Sekino M. [Sekino M. 1995, Sekino M. 1993], il est basé sur le modèle Friction- Concentration- Polarisation, et comprenant [Marcovecchio M.G. et Al. 2005, Sekino M. 1995, Cheryan M. 1998, Voros N.G. et Al. 1997, Helal A.M. et Al. 2003, Al-Zahrani A.E.S. et Al. 1989, Gupta S.K. 1992]:

$\left\{\begin{array}{l} \text{- modèle Kimura - Sourirajan : en combinaison} \left\{\begin{array}{l} \text{- modèle solution - diffusion} \\ \text{- modèle théorie de film} \end{array}\right. \\ \text{- paramètres de transport compris dans le modèle solution - diffusion sont déterminés} \\ \text{ expérimentalement par négligence de l' effet de polarisation} \\ \text{- coefficients de transfert de la masse sont déterminés par la "trial and error method"} \\ \text{- modèle de Hagen - Poiseuil pour la perte de pression [Da CostaA.R. et Al.1994]} \end{array}\right.$

Modèle solution- diffusion (modèle Kimura- Sourirajan) :

$$J_v = K_1(\Delta P - \Delta \pi)$$
$$J_s = K_2 . \Delta C$$

K_1, et K_2 : paramètres de transport dans la membrane (ou bien K_1 : perméabilité au solvant et K_2 : perméabilité au soluté)

Modèle van't Hoff :

$$\pi = CRT = 10^3 \sum m_i.R.T \quad \text{(Solutions diluées)}$$

Modèle de la théorie de film (polarisation de la concentration) :

$$J_v = K.\ln\left[\frac{C_m - C_p}{C_0 - C_p}\right]$$

Avec K : Coefficient de transfert de masse

D_2 : Coefficient de diffusion

Modèle de coefficient de transfert de masse: k(Sherwood Sh, Reynolds Re, Schmidt Sc)

$$Sh = \frac{K.2r_0}{D_2}$$

$$Re = \frac{2r_0.U.\rho_b}{\mu_b}$$

$$Sc = \frac{\mu}{\rho.D_2}$$

Equations de continuité (Balance):

$$Q_f = Q_p + Q_b$$

$$Q_f.C_f = Q_p.C_p + Q_b.C_b$$

Modèle de Hagen- Poiseuille (perte de pression) :

$$\frac{-dP}{dz} = \frac{128\mu.Q_p}{\pi.d_i^4}$$

I-D-3-2- MODELE DE L'APPROCHE DU PARAMETRE DE TRANSPORT:

Proposé par A.Malek and Al., et basé sur [Malek A. et Al. 1994] :

$\Big\{$ * l'utilisation des valeurs moyennes des caractéristiques globales du fluide.

* modèle solution - diffusion (supposition : tailles des pores relativement uniformes et levées).

* modèle Sambrailo and Kunst[Sambrailo D. et Al.1986] pour calculer Cp et Cr (R : fonction de la concentration à la paroi Cy)

Cp et Cr sont données par :

$$C_p = \frac{C_f}{y}\left[1 - \frac{B}{B + C_f\left[1 - (1-y)^{-1}\right]}\right]$$

Et

$$C_r = \frac{B.C_f.(1-y)^{-1}}{B + C_f\left[1 - (1-y)^{-1}\right]}$$

Avec $B = \dfrac{-X_2 \pm \sqrt{X_2^2 - Y_2}}{Z_2}$

Où $\left\{\begin{array}{l} X_2 = P_f + \dfrac{Q_f}{A_1.(A_0 - 1)} + \dfrac{G_c}{2.(3C_p - C_f)} \\[3mm] Y_2 = 2G_c.C_p.\left[P_f + \dfrac{Q_f}{A_1.(A_0 - C_f/C_p)} + G_c.(C_p - C_f/2)\right] \\[3mm] Z_2 = G_C.C_p/C_f \end{array}\right.$

Dont G_c: constant de proportionnalité entre pression osmotique et TDS (donnée expérimentale)

A_0, A_1 : constants de transport interprétant expérimentalement le paramètre de transport K_1 de la manière :

$$y = \frac{Q_p}{Q_f} = A_0 + \frac{A_1}{Q_f}\left[P_f - G_c.\left\{\frac{C_f + C_r}{2} - C_p\right\}\right]$$

Où $dq_p = K_1.(\Delta P - \Delta\pi).dS \Rightarrow Q_p = K_1.S_m\left[P_f - G_c.\left\{\dfrac{C_f + C_r}{2} - C_p\right\}\right]$

K_1 : paramètre de transport

Suivant ce modèle, le calcul explicite et découplé de Cp et Cr, facilite beaucoup la prédiction.

Dans ce cas, y peut être donnée par :

$$y = \dfrac{C_f^2 + C_p.B}{C_p.(C_f + B)}$$

Suivant cette analyse, Malek and Al. ont proposé deux algorithmes de calcul des systèmes d'osmose inverse concernant:

• la détermination de y et Cp pour des valeurs imposées de Pf, Qf et Cf .

• la détermination de y et Pf pour des valeurs imposées de Cp, Qf et Cf .

Ce qui permet à la fin de calculer le nombre de modules nécessaires et la consommation énergétique, afin de faire le calcul économique.

I-D-3-3- MODELE DUPONT :

Pour prendre en considération l'effet de compaction (vieillissement des membranes au cours du temps de fonctionnement : ce qui traduit une chute des performances), ainsi que l'effet de polarisation de la concentration, de l'encrassement et l'effet de changement de la viscosité (sous changement de la température) ; DuPont propose [Du Pont 1992] (comme les autres compagnies de fabrication des membranes) de corriger le modèle Kimura- Sourirajan par trois facteurs : facteur de flux de rétention de la membrane MFRC (effet de compaction), facteur de correction de la pression PCF (effet de polarisation et d'encrassement), et facteur de correction de la température TCF (effet de changement de viscosité).

Ces facteurs de corrections sont des donnés expérimentales (en tableaux et graphes). Vu la géométrie spéciale des modules, la perte de pression est aussi, donnée par procédés expérimentales.

Le modèle suppose des quantités moyennes de débit, concentration et pression (entre l'alimentation et le rejet) comme suit:

$Q_{fb}=(Q_f+Q_b)/2$, $C_{fb}=(C_f+C_b)/2$, $P_{fb}=(P_f+P_b)/2$, et $\pi_{bf}= \pi_f +\pi_b)/2$

Ainsi que les approximations suivantes :

$$\Delta C = C_{fb} - C_p = C_{fb} ; \Delta P = P_{fb} - P_p ; \Delta \pi = \pi_{fb} - \pi_p$$

La différence de pression entre alimentation et rejet est donnée par :

$$\Delta P_{fb} = P_f - P_b$$

Le modèle de Kimura- Sourirajan devient ainsi :

$J_v=K_1.(\Delta P-\Delta\pi).TCF.PCF.MFRC$
$J_s=K_2.\Delta C.TCF.PCF.MFRC$

Et puisque :

$$\begin{cases} Q_p = J_v.S \\ C_p = \dfrac{J_s}{J_v} \end{cases}$$

$$\Rightarrow Q_p = K_1.S.(\Delta P - \Delta \pi).TCF.PCF.MFRC$$

Posant $Q_0 = K_1.S.(\Delta P - \Delta \pi)$

$$\Rightarrow Q_p = Q_0.TCF.PCF.MFRC$$

L'indice 0: indique la valeur dans les conditions standards.

Avec : $PCF = \dfrac{(\Delta P - \Delta \pi)}{(\Delta P_0 - \Delta \pi_0)}$

Et $C_p = \dfrac{K_2}{K_1.(\Delta P - \Delta \pi)}.\Delta C$

Définissant un facteur de passage de sels : $SP = \dfrac{C_p}{C_f}$

Dans ce cas $SP_0 = \dfrac{C_{p0}}{C_{f0}}$ où $C_{p0} = \dfrac{K_2}{K_1.(\Delta P_0 - \Delta \pi_0)}.\Delta C_0$

Si on définie un facteur de correction de passage de sels SPCF, comme :

SP=SP$_0$.SPCF

Où $SPCF = \dfrac{SP}{SP_0} = \dfrac{C_p.C_{f0}}{C_f.C_{p0}} = \dfrac{\Delta C}{\Delta C_0}.\dfrac{(\Delta P_0 - \Delta \pi_0)}{(\Delta P - \Delta \pi)}.\dfrac{C_{f0}}{C_f}$

$\Rightarrow C_p = SP.C_f = SP_0.SPCF.C_f$

La concentration de la production de l'espèce i est :

$C_{pi} = SP_{0i}.SPCF.C_{fi}$

Si on introduit l'approximation : $\Delta C = C_{fb}$, on obtient :

$C_p = \dfrac{C_{p0}.(\Delta P_0 - \Delta \pi_0)}{C_{fb0}}.\dfrac{C_{fb}}{(\Delta P - \Delta \pi)}$

Et nous aurons à la fin :

$Q_p = Q_0.TCF.MFRC.\dfrac{(\Delta P - \Delta \pi)}{(\Delta P_0 - \Delta \pi_0)}$

Et $C_p = \dfrac{C_{p0}.(\Delta P_0 - \Delta \pi_0)}{C_{fb0}}.\dfrac{C_{fb}}{(\Delta P - \Delta \pi)}$

Pour l'espèce i toujours, nous aurons :

$C_{pi} = \dfrac{C_{p0i}.(\Delta P_0 - \Delta \pi_0)}{C_{fb0}}.\dfrac{C_{fb}}{(\Delta P - \Delta \pi)}.\dfrac{C_{f0}}{C_{f0i}}.\dfrac{C_{fi}}{C_f}$

Et comme le débit produit et sa concentration dépend de la perte de pression, et cella dépend de débit et de la concentration, le modèle propose un processus itératif de calcul.

L'algorithme proposé consiste à :

Fixer une conversion (valeur standard).

Donner une valeur initiale à la perte de pression ΔP_{fb},

Calculer le débit Q_p,

Recalculer la perte de pression, et la comparer à celle proposée, si sont identiques (proche) arrêter le processus, et calculer la concentration C_p, sinon continuer, utiliser la valeur obtenue de la perte de pression pour calculer le débit, et ainsi de suite.

I-D-4- MODELE DE PASSAGE DE BORE :

Le Bore est nocif pour la santé [Htun Oo J.Q.M. et Al. 2005, Linder R.E. et Al. 1990, Dey A. et Al. 2001, Linder R.E. et Al. 1990], son degré d'élimination est un critère essentiel dans la production de l'eau ultra pure pour l'industrie électronique [Dydo P. et Al. 2005]. Il est à noter que le réglage de concentration de Bore au dessous des limites imposées, par l'osmose inverse et les autres techniques membranaires, est inefficace [Dydo P. et Al. 2005, Foraij K.M.Al et al. 2002, Prats D. et Al. 2000, Pastor M.R. et Al. 2001, Glueckstem P. et Al. 2003, Redondo J. et Al. 2003, Taniguchia M. et Al. 2001, Magara Y. et Al. 1998]. Un modèle de passage de Bore est déjà établi par Masahide Taniguchi and Al. [Taniguchi M. et Al. 2001] pour les modules en fibres creux. Ce modèle repose sur le modèle de la théorie de film, qui donne la concentration totale des sels et celle de Bore, à la surface de membrane par :

$$\frac{C_{SM} - C_{SP}}{C_{SB} - C_{SP}} = \exp\left(\frac{J_v}{k_s}\right)$$

La concentration de Bore dans le perméat d'un tube membranaire (à travers une pore élémentaire ; est donnée par :

$$C_{Bpi} = \frac{J_{Bi}}{J_{vi}} = \frac{P_B . C_{BMi}}{J_{vi} + P_B}$$

La concentration de Bore dans le perméat total est donnée par :

$$C_{BP} = \frac{\sum_{i=1}^{n}(P_B.C_{BMi}/J_{vi}+P_B).J_{vi}.\Delta h.W}{Q_{p0}}$$

Avec i: numéro de pore, et N : nombre total de pores dans la membrane.

Le coefficient de transfert de masse est calculé par la méthode de la pression osmotique [Taniguchi M. et Al. 2001, Taniguchi M. et Al. 2000]:

$$K_s = 1,63.10^{-3}.Q_f^{0,4053}$$

Les travaux expérimentaux, ont permet la corrélation suivante entre les permutabilités de Bore et de la salinité totale :

$$B_B = 94,3.B_S$$

Puisque $C_{SB} \succ\succ C_{Sp}$, nous permet d'écrire:

$$\frac{C_{SB}-C_{Sp}}{C_{Sp}} = \frac{B_B}{B_S} . \frac{\exp\left(\dfrac{J_v}{K_B}\right)}{\exp\left(\dfrac{J_v}{K_S}\right)} . \frac{C_{BB}-C_{Bp}}{C_{Bp}}$$

Admettant une deuxième approximation, suivant les conditions opératoires de l'osmose inverse : $\dfrac{C_{BM}}{C_{BB}} \prec 1,3$; ce qui conduit à :

L'équation de transfert de masse, utilisant la diffusivité calculée par l'équation de Wilke-Chang [Wilke C.R. et Al. 1955] donne :

$$\frac{K_S}{K_B} = \left(\frac{D_S}{D_B}\right)^{0,75} = 0,97$$

Ce qui permet d'écrire :

$$\frac{J_v}{K_B} = \ln\left[\frac{C_{BM}-C_{BP}}{C_{BB}-C_{BP}}\right] \prec \ln(1,3)$$

Et puis :

$$\frac{\exp\left(\dfrac{J_v}{K_B}\right)}{\exp\left(\dfrac{J_v}{K_S}\right)} \approx \frac{\exp\left(\dfrac{J_v}{K_B}\right)}{\exp\left(\dfrac{J_v}{0,97K_B}\right)} = \exp\left(\dfrac{J_v}{K_B}\right)^{0,03} \approx 0,96$$

Cette dernière équation nous permet d'exprimer la concentration de Bore dans le perméat par :

$$C_{BP} \approx \frac{C_{BB}.C_{SP}}{C_{SB}\cdot\left(\dfrac{B_S}{B_B}\right)+C_{Sp}}$$

Faisant l'approximation la concentration dans la solution est identique à la concentration d'alimentation (C_{BB} = C_{Bf} et C_{SB} = C_{Sf}), nous donne :

$$C_{BP} \approx \frac{C_{Bf}.C_{SP}}{C_{Sf}\cdot\left(\dfrac{B_S}{B_B}\right)+C_{Sp}}$$

$$\Rightarrow C_{Bp} \approx \frac{1}{\dfrac{C_{Sf}}{C_{Sp}}\cdot\left(\dfrac{B_S}{B_B}\right)+1}.C_{Bf}$$

Pour exprimer la concentration de Bore dans le perméat de l'étage i, nous avons:

$$C_{Bp}(i) \approx \frac{1}{\dfrac{C_{Sf}(i)}{C_{Sp}(i)}\left(\dfrac{B_S}{B_B}\right)+1}.C_{Bf}(i)$$

Et la concentration de Bore dans le rejet de l'étage i sera :

$$C_{Br}(i) = \frac{C_{Bf}(i)-ye(i).C_{Bp}(i)}{1-ye(i)}$$

CHAPITRE II

OPTIMISATION ET MODELISATION
DES COUTS DE DESSALEMENT

II-A- METHODES D'OPTIMISATION
II-A-1- ALGORITHMES DETERMINISTES :

Sont les méthodes qui explorent de manière déterministe, l'espace de recherche.

Parmi lesquelles on cite :

II-A-1-1- LES METHODES NUMERIQUES DE GRADIENT :

Sont les plus utilisées, qui s'appuient sur la détermination de la dérivée de la fonction objectif ou d'une approximation de la dérivée, et éventuellement des dérivées successives comme la méthode de Newton et quasi-Newton. Elles permettent de générer itérativement des points de plus en plus proches de l'optimum. Ces algorithmes convergent vers l'optimum si la fonction objectif est convexe, sinon leur convergence est locale [Barnier N. 1997].

II-A-1-2- LES METHODES DE PROGRAMMATION LINEAIRE:

La programmation linéaire est une méthode considérant plusieurs origines et destinations. Elle cherche à optimiser (minimiser ou maximiser) une solution à coût minimal en minimisant (maximisant) les coûts de transport impliquant des origines et destinations fixes (figure 1). Elle considère des coûts de transport linéaires, des surplus connus (origines), des demandes (destinations) et des chemins. Cette méthode emploie la formule générale suivante (la plus simple) [Glineur F. 2003, Chopard B. 2006]:

$\text{Min} \sum_{i=1}^{n} C_i.x_i$: fonction objectif

Tel que $x_i \geq 0 \ \forall i$: contrainte

Et $\sum_{i=1}^{n} a_{ij}.x_i = b_i \forall i$

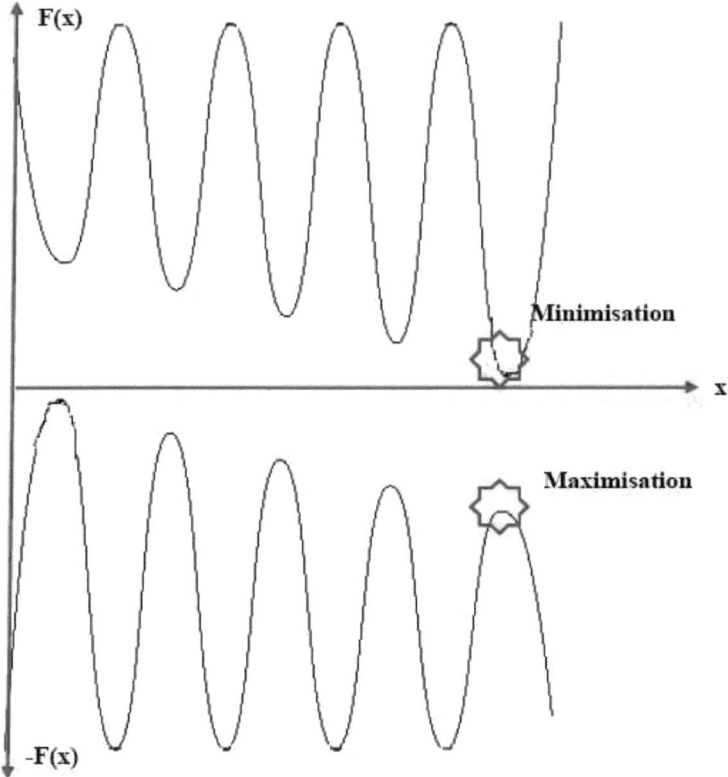

Figure 1: minimisation (maximisation) d'une fonction à plusieurs optimums locaux.

Les méthodes de programmation linéaire peuvent résoudre ce type de problèmes, même pour de grande taille (n $>10^7$). Elles traitent des problèmes dont la fonction objectif est continue et les contraintes sont continues.

Elles constituent des techniques très ciblées et très efficaces dans leur domaine d'application.

Parmi ces méthodes, nous citons :

La méthode du simplexe (1947): c'est la plus répondu pour résoudre un problème de PL [Chopard B. 20063].

Les étapes de la méthode repose sur: trouver une solution possible pour démarrer les itérations puis itérer le processus de transformation équivalent du système d'équation jusqu'à ce que tous les coefficients de xi dans la formule pour z soient négatifs (condition d'arrêt) :

$$x_{n+1} = b_i - \sum_{j=1}^{n} a_{ij}.x_j, \quad i=1,\ldots,m$$

$$z = \sum_{j=1}^{n} C_j.x_j$$

$$x_k \geq 0, \forall k = 1,\ldots,n,n+1,\ldots,n+m$$

Il existe aussi la méthode de l'ellipsoïde (1978) qui est peu performante en pratique et la méthode de point intérieur (1985).

II-A-1-3- LES METHODES NON LINEAIRES:
Sont utilisées lorsque les variables sont discontinues.

Un problème d'optimisation est non linéaire, lorsque l'un au moins des fonctions objectifs et des contraintes est non linéaire. Les algorithmes non linéaires sont utilisés aussi pour le cas d'un problème à variable(s) discrète(s), contrairement aux méthodes linéaires qui sont efficaces pour les problèmes à variable(s) continue(s).

Parmi les méthodes non linéaires, nous citons [Mottelet S. 2003] :

L'optimisation non linéaire classique, optimisation convexe, l'optimisation quadratique et l'optimisation conique.

II-A-1-4- LES ALGORITHMES DE SATISFACTION DE CONTRAINTES:
Le plus intéressant est celui de la programmation logique par contraintes. Ils permettent de prendre en compte une très grande variété de contraintes où une exploration exhaustive de l'espace de recherche est envisageable. La méthode fournit naturellement des solutions admissibles. En ajoutant une contrainte dynamique portant sur le coût d'une solution, la résolution peut produire une solution optimale, éventuellement à un pourcentage prés [Barnier N. 1997].

II-A-2- LES METHODES STOCHASTIQUES (METHODES METAHEURISTIQUES):

Les algorithmes d'optimisation stochastiques intègrent des mécanismes aléatoires d'exploration de l'espace de recherche. Ces mécanismes interviennent à différentes étapes de l'exploration suivant l'algorithme utilisé. On peut dire en première approximation, qu'ils permettent avec une probabilité de s'échapper des minima locaux [Glineur F. 2003]. On utilise ce type de méthodes pour des problèmes particulièrement difficiles où les algorithmes déterministes ne suffisent pas : problèmes d'optimisation non linéaires, présence de nombreux optimums locaux (figure 1), espace de recherche très vaste, problèmes de divergences (ne remplient pas les hypothèses d'application, choix mal du point de départ : cas d'algorithme itératif), etc.

Les principales caractéristiques des méthodes stochastiques sont [Glineur F. 2003]:

- sont inspirées de processus naturels.
- explorant l'espace selon une composante aléatoire.
- temps de calcul long.
- la robustesse et la possibilité d'application, sans connaître à priori les propriétés du domaine de recherche [Dana V. 1995].

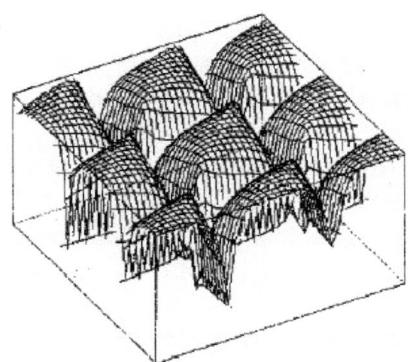

Figure 2 : Fonction à plusieurs optimums locaux dans l'espace
[Glineur F. 2003]

Ces méthodes ne fournissent jamais la preuve d'optimalité car leurs propriétés de convergence sont probabilistes [Barnier N. 1997].

Les algorithmes stochastiques les plus célèbres sont : L'algorithme de recuit simulé, l'algorithme de la colonie de fourmis et les algorithmes révolutionnaires.

Les algorithmes évolutionnaires (1965) sont inspirés du paradigme de l'évolution Darwinienne des populations, où l'évolution se traduit par un processus itératif de recherche de l'optimum dans l'espace de décision (de recherche). Le critère pour définir les éléments les plus aptes correspond à l'objectif de l'optimisation. La performance des solutions étant évaluée par les valeurs de la fonction objectif [Roudenko O. 2004]. Leur avantage crucial consiste en ce que se contente de connaître les valeurs de la fonction objectif sans faire appel à sa dérivée et sans exiger son expression analytique. L'espace de recherche pour les AE est appelé l'espace des génotypes, tandis que l'espace des solutions est appelé l'espace des phénotypes.

La fonction de codage qui transforme un phénotype en un génotype doit être injectif : à chaque phénotype correspond un seul génotype [Roudenko O. 2004].

Les principaux AE sont :

- Les algorithmes génétiques qui sont les plus connus et les plus utilisés [Roudenko O. 2004].
- Les stratégies d'évolution.
- La programmation évolutionnaire.
- Et la programmation génétique.

II-A-3- ALGORITHMES GENETIQUES :
II-A-3-1- PRINCIPE :

Les algorithmes génétiques suivent un processus bien établi qui peut être défini comme étant le cycle de l'évolution.

Ils travaillent sur une population (génération) composée d'individus, tous différents, qui sont des solutions potentielles du problème à traiter.

Premièrement chaque individu (solution) est évalué. Cette évaluation permet de juger la pertinence des solutions par rapport au problème considéré, ce qui conduit à éliminer les solutions jugées inutiles ou très mauvaises, on va donc mettre à l'écart les individus les plus faibles pour favoriser les plus performants.

Une fois cette élimination effectuées, les gènes des solutions sélectionnées sont combinés pour obtenir une nouvelle population qui doit être, d'après la théorie de l'évolution, mieux adaptée au problème que la population de la solution est alors soumise à une imitation de l'évolution des espèces: mutations et reproduction par hybridation. Les individus les plus adaptés ont une probabilité plus élevée d'être sélectionnés et reproduits. Le mécanisme d'encouragement des éléments les plus adaptés (pression de l'évolution) a pour résultat que les générations successives sont de plus en plus adaptées à la résolution du problème. La population initiale donne ainsi naissance à la génération successives, mutées et hybrides à partir de leurs 'parents'. Ce processus est réitéré jusqu'à ce qu'on obtienne une solution que l'on juge satisfaisante.

II-A-3-2- FONCTIONNEMENT D'UN ALGORITHME GENETIQUE:

Les différentes étapes suivis par un algorithme génétique sont celles du cycle d'évolution, et qui sont :
Initialiser le temps,
Crée une population initiale,
Evaluer l'adaptation de chaque individu,
Vérifier : s'il y a pas de solution satisfaisante et le temps est inférieure au temps limite, alors :
Incrémenter le temps,
Sélectionner les parents,
Déterminer les gènes des nouveaux nés par recombinaison des gènes parentaux,
Faire subir des mutations aléatoires à la population,
Evaluer l'adaptation de chaque individu,
Sélectionner les individus survivants.

II-A-3-3- CREATION DE LA POPULATION INITIALE -INITIATION-:

Le processus d'initiation exploite la relation entre le nombre de variables dépendantes et indépendantes représentant le problème à résoudre. Ainsi, on peut attribuer au hasard des valeurs aux variables indépendantes et recalculer ensuite les variables dépendantes pour assurer qu'elles satisfont aux contraintes.

Plutôt que d'attribuer des valeurs aux variables indépendantes de façon totalement aléatoire, on peut avoir recours à une approche plus pratique basée sur l'information de la fonction objectif [Simonovie S.P. 2000].

Si on n'a aucune idée de la solution du problème, la population est générée aléatoirement. Si non, on crée des individus qui représentent les solutions dont on dispose. Le problème principal est le choix de la taille de la population, par ailleurs, une population trop grande augmente le temps de calcul. Donc il utile de chercher le bon compromis donc à partir des données du problème, en formant une population de solutions possibles.

Chaque solution est définie par des caractéristiques. Celles-ci, sont désignées sous le terme de gène. Le codage de ces gènes, se fait généralement sous forme binaire 'génotype : 0 et 1'.

II-A-3-4- CODAGE DES INDIVIDUS :

Le choix du codage est une étape déterministe dans la conception d'un algorithme génétique. Le codage peut avoir un impact important sur la façon dont les schèmes (motifs de similarité) sont crées ou détruits au cours des générations. Suivant la valeur de l'ensemble de départ, le codage des individus sera différent [Fallet-Kahn F. 2004].

Pour l'ensemble des entiers naturels, on utilise généralement un codage binaire.

Exemple : 26 ↔ 11010.

Pour l'ensemble des entiers réels, on utilise encore un codage binaire.

Exemple : 0,68 ↔ 1010110.

Pour un ensemble des vecteurs à un composantes, on utilise alors souvent la concaténation (mise bout à bout) des représentations binaire à chaque composante.

Exemple : (0,42 ; 0,78) ↔ 01101011100011.

Il est évident que le nombre de schèmes possibles est plus important dans le cas binaire que dans les autres cas de codage, et l'étude des similarités entre individus est donc facilitée dans le cas binaire [Fallet-Kahn F. 2004].

Historiquement, le codage utilisé par les algorithmes génétiques était représenté sous forme de chaînes de bits contenant toute l'information nécessaire à la description d'un point dans l'espace d'état. Ce type de codage a pour intérêt de permettre de créer des opérateurs de croisement et de mutation simples. C'est également en utilisant ce type de codage que les premiers résultats de convergence théorique ont été obtenus. Ce type de codage permet des opérations génétiques simples [Alliot J.M. et Al. 2005].

Cependant, ce type de codage n'est pas toujours bon [Durand N. 2004] :

– Deux éléments voisins en terme de distance de Hamming ne codent pas nécessairement deux éléments proches dans l'espace de recherche. Cet inconvénient peut être évité en utilisant un codage de Gray qui conserve la topologie initiale [Fallet-Kahn F. 2004, Barnier N. et Al. 1999]. Un codage qui conserve la topologie favorise l'exploitation (amélioration des individus), alors qu'un codage qui ne la conserve pas ; favorise l'exploration (de l'espace de recherche) grâce au risque d'obtention d'un individu très distant de ses parents lors d'une opération génétique (croisement et mutation) [Durand N. 2004].

– Pour des problèmes d'optimisation dans des espaces de grande dimension, le codage binaire peut rapidement devenir mauvais. Généralement, chaque variable est représentée par une partie de la chaîne de bits et la structure du problème n'est pas bien reflétée, l'ordre des variables ayant une importance dans la structure du chromosome, alors qu'il n'en a pas forcément dans la structure du problème [Durand N. 2004].

II-A-3-5- EVALUATION DES INDIVIDUS :

L'évaluation de la population initiale repose sur le calcul de la fonction objectif (degré d'adaptation) pour chaque individu.

Pour évaluer la pertinence d'une solution par rapport à une autre, on introduit 'la fonction d'adaptation' : Fitness, qui correspond à l'utilité de la solution par rapport au problème.

II-A-3-6- SELECTION :

On sélectionne un petit pourcentage d'individus parmi ceux présentant la meilleure valeur d'adaptation pour les inclure dans la génération intermédiaire [Simonovie P.S. 2000].

Pour que la génération suivante soit plus performante, on doit faire s'accoupler les meilleurs individus de la population actuelle. Une étape d'indentification et de sélection de ces meilleurs individus est nécessaire. Donc, chaque individu aura une chance proportionnelle à son adaptation de devenir parent.

Pour créer un nouvel individu à partir des meilleures solutions sélectionnées précédemment, il est nécessaire de procéder à la combinaison des gènes des parents pris d'une manière aléatoire. Ce phénomène nommé Cross-over permet d'explorer l'ensemble des solutions possibles.

II-A-3-7- RECOMBINAISON :

L'opérateur de recombinaison, qui est le moteur principal de l'algorithme génétique, s'inspire du processus biologique naturel appelé croisement. Il met en jeu deux individus pour créent un nouvel organisme en transmettant du matériel génétique provenant d'un parent et de l'autre et choisi de façon aléatoire. Le matériel génétique est une chaîne de nombres qui correspondent aux valeurs de variables de décision constituant la solution réalisable retenue pour la reproduction [Simonovie S P. 2000]. La plupart des applications techniques des algorithmes génétiques, dans la pratique courante, consistent à rompre la chaîne solution en seulement un ou deux points et à effectuer une substitution mutuelle en échangeant des segments de chaînes partiels [Simonovie S.P. 2000].

II-A-3-7-1- CROISEMENT :

Le croisement est un opérateur de recombinaison qui fournit un couple d'enfants à partir d'un couple de parents de la génération précédente: c'est traditionnellement l'euristique prépondérante de l'exploitation d'un espace de recherche par un algorithme génétique [Simonovie S.P. 2000].

L'opérateur de croisement classique prend en entrée un couple d'individus parents P1 et P2 et renvoie un couple d'individus enfants C1 et C2 obtenus en choisissant aléatoirement un point de croisement (ou éventuellement plusieurs points de croisement pour éviter certains effets de bord du codage) dans les chromosomes et en recopiant dans le fils C1 les gènes de P1 jusqu'au point de croisement puis en complétant avec les gènes de P2 (figure 3). On effectue l'opération symétrique pour C2 [Barnier N. et Al. 1999].

On choisi des couples d'individus parents au hasard dans cette nouvelle population, puis on leur applique avec la probabilité P0 (souvent choisi autour de 0,6) l'opérateur de croisement. Les enfants remplacent alors les parents dans la génération k+1 [Lassoued Y. 2000]. La figure 4 montre un croisement à deux points.

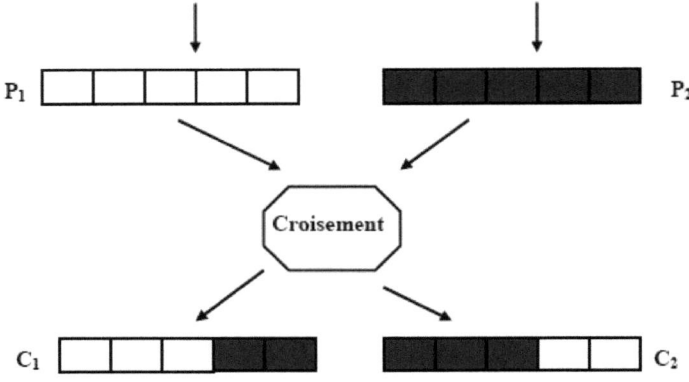

Figure 3: Croisement en un point

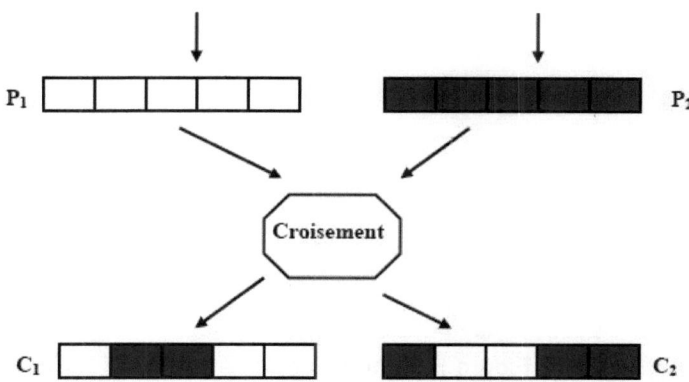

Figure 4 : Croisement à deux points

II-A-3-7-2- MUTATION :

La mutation est une modification aléatoire du génome, il est clair qu'il ne faut pas muter tous les gènes d'un individu, si non il serait complètement déterminé aléatoirement (figure 5). Il faut, au contraire, modifier une petite partie pour ne pas détruire les caractéristiques qui ont été sélectionnées mais suffisamment grande pour apporter des éléments nouveaux à un individu. De ce fait ; la mutation a un rôle secondaire par rapport à la recombinaison, et ou lui attribue en général une faible probabilité (de l'ordre de 1/1000).

Avec une population Pm, qui est en général choisie avec un ordre de magnitude plus faible que P0, on applique l'opérateur de mutation sur les individus de la nouvelle population. Contrairement à la reproduction et au croisement qui favorise l'intensification, cet opérateur favorise la diversification, il déplace l'individu mutant et aide à mieux explorer l'espace de recherche et quelques fois à sortir des pièges locaux [Lassoued Y. 2000].

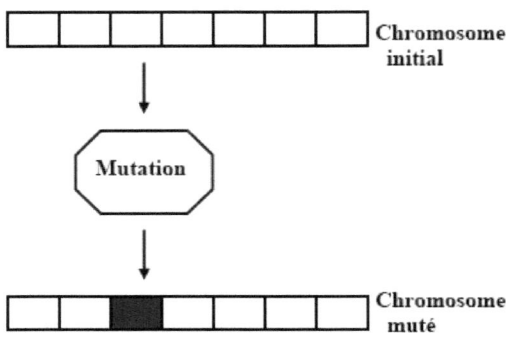

Figure 5: Principe de mutation

II-A-3-8- SELECTION DES SURVIVANTS :

Cette étape consiste à ne pas garder que les solutions les plus intéressantes, par convention, le nombre d'individus est le même d'une génération à une autre : il y a autant de morts que de nouveaux nés.

II-A-3-9- EVOLUTION :

Le mécanisme des algorithmes génétiques consiste à faire évoluer, à partir d'un tirage initial, un ensemble de points de l'espace vers le ou les points optimaux d'un problème d'optimisation. L'ensemble du processus s'effectue à taille de population constante.

Afin de faire évoluer ces populations de la génération k à la génération k+1, les trois opérations (croisement, mutation, sélection) sont à effectuer pour tous les individus de la génération k (figure 6).

Les critères d'arrêts sont alors de deux natures [Bontemps C. 1995]:
- arrêt après un nombre de générations fixées à priori (lorsqu'un impératif de temps de calcul est imposé).
- Arrêt lorsque la population cesse d'évoluer ou n'évolue plus suffisamment rapidement (on est en présence d'une population homogène : se situe à proximité du ou des optimums).

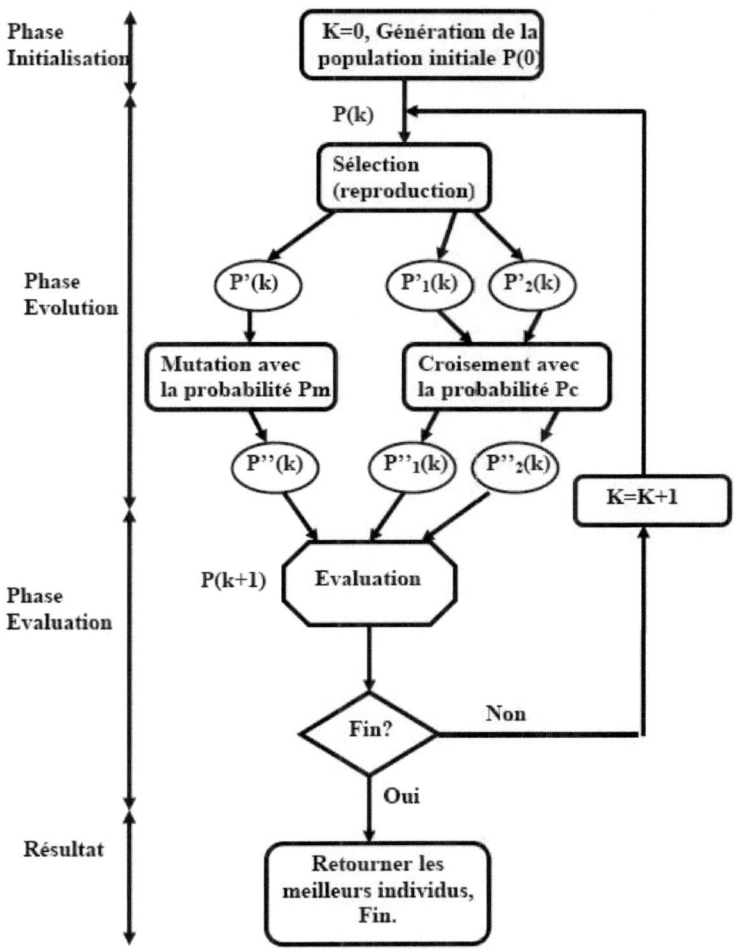

Figure 6 : Principe général des algorithmes génétiques

II-A-3-10- AMELIORATIONS CLASSIQUES:

Les processus de sélection présentés sont très sensibles aux écarts de fitness (fonction objectif) et, dans certains cas, un très bon individu risque d'être reproduit trop souvent et peut même provoquer l'élimination complète de ses congénères ; on obtient alors une population homogène contenant un seul type d'individu. Pour éviter

77

ce comportement, il existe d'autres modes de sélection (ranking) ainsi que des principes (scaling, sharing) qui empêchent les individus "forts" d'éliminer complètement les plus "faibles". On peut également modifier le processus de sélection en introduisant des tournois entre parents et enfants, basés sur une technique proche du recuit simulé. Enfin, on peut également introduire des recherches multi objectif, en utilisant la notion de dominance lors de la sélection [Alliot J.M. et Al. 2005, Durand N. 2004, Durand N. 2005].

II-A-3-11- AVANTAGES ET INCONVENIENTS DES A.G:

La théorie d'algorithmes génétiques est une approche un peu brutale, nécessitant une plus grande puissance de calcul et présentant une immense avantage pratique de fournir des solutions pas trop éloignées de l'optimal [Simonovie S.P. 2000].

Contrairement à la recherche opérationnelle, l'algorithme génétique n'exige aucune connaissance de la manière de résolution du problème, il est seulement nécessaire de pouvoir évaluer la qualité d'une solution. Il est également léger à mettre en oeuvre (moins de programmation spécifique au problème à faire).

Les algorithmes génétiques présentent un fort potentiel d'application pratique. D'ailleurs, ils sont de plus en plus utilisés dans de multiples domaines (implanter des points de vente de manière optimale, minimiser les pertes de matière...etc).

Il faut dire qu'ils fournissent d'excellentes performances à faibles coûts, en effet, les algorithmes génétiques permettent d'explorer des domaines possédant de très nombreuses solutions (pour une population d'origine de N individus, un algorithme génétique N3 solutions possibles).

On note aussi qu'ils existent plusieurs inconvénients, parmi lesquelles : il n'a pas de garantie quant à l'obtention de la solution optimale du problème posé en un temps défini. L'utilisation des algorithmes génétiques est souvent coûteuse en temps de calculs (sont lents).

II-B- MODELISATION DES COUTS DE DESSALEMENT:
II-B-1- INTRODUCTION

Le prix de l'eau dessalée par un système d'osmose inverse (eau de mer ou bien saumâtre), dépend d'un important nombre de paramètres: pression de fonctionnement, conversion du système, température d'alimentation, pression osmotique, pression de la production , perte de charge à travers les modules, taux de rejet des sels, la qualité exigée sur la production, la taille (capacité) du système, le procédé d'osmose inverse, le nombre d'étages, la disposition, le nombre de modules, la quantité d'énergie consommée par le système, le type de modules utilisé, ses performances et son prix, le prix de l'énergie....etc.

Les modèles de calcul du prix de revient sont divers [Poullikkas A. 2005, Poullikkas A. 2001, Villafafila A. et Al. 2003, Marcovecchio M.G. et Al. 2005, Malek A. et Al. 1996, Al-Mutaz I.S. et Al. 1989, Al Zubaidi A.A.J. 1989, Metaiche M. et Al. 2002, Zejli D. et Al. 2004, Al-Hengari S. et Al. 2005, Helal A.M. et Al. 2004, Ghabayen S. et Al. 2004].

En général; la manière d'évaluation repose sur: le calcul des coûts d'investissement et les coûts d'exploitation. Ainsi, le coût annuel total de dessalement se calcule comme la somme de l'amortissement annuel des capitaux d'investissement et les coûts annuels d'exploitation [Poullikkas A. 2005, Poullikkas A. 2001, Al Zubaidi A.A.J. 1989, Metaiche M. et Al. 2002, Zejli D. et Al. 2004]. Le prix de revient (prix unitaire) de l'eau dessalée est le rapport du coût annuel total à la quantité produite annuellement par l'usine de dessalement.

L'amortissement annuel des capitaux d'investissement est la somme des coûts d'investissement directs et indirects, affectée par le taux d'amortissement, ce dernier est une fonction de la durée de vie de l'usine et le taux d'intérêt [Poullikkas A. 2001, Marcovecchio M.G. et Al. 2005, Malek A. et Al. 1996, Al-Zubaidi A.A.J. 1989, Metaiche M. et Al. 2002, Zejli D. et Al. 2004, Ghabayen S. et Al. 2004].

Les coûts d'investissement directs sont représentés par les coûts de la prise d'eau et du système de prétraitement, les coûts d'installation des membranes, les coûts des systèmes de pompage et de récupération de l'énergie, et les coûts des travaux de génie civil et électrique.

Les coûts d'investissement indirects sont représentés par les coûts d'investissement directs affectés par le taux des coûts d'investissement indirects.

Les coûts d'exploitation sont cinq (05) éléments : le coût de remplacement des membranes (suite à l'effet d'usure et de fin de durée de vie) , le coût de l'énergie consommée (pompes de la prise d'eau, pompes à haute pression, tout en tenant compte de l'énergie récupérée par les turbines), Le coût de la consommation chimique (prétraitement et post traitement), le coût de la maintenance (interventions, réparations, pièces de rechanges, divers), et le coût de la main d'oeuvre (salaires) [Marcovecchio M.G. et Al. 2005, Malek A. et Al. 1996, Al-Zubaidi A.A.J. 1989, Metaiche M. et Al. 2002].

Puisque l'usine ne fonctionne pas tout les jours de l'année, un facteur d'utilisation (load facor) est introduit pour ajuster les dépenses annuelles [Poullikkas A. 2001, Marcovecchio M.G. et Al. 2005, Malek A. et Al. 1996, Al-Zubaidi A.A.J. 1989, Metaiche M. et Al. 2002, Ghabayen S. et Al. 2004].

II-B-2- LES COUTS D'INVESTISSEMENT :
II-B-2-1- LES COUTS D'INVESTISSEMENT DIRECTS :

Les coûts d'investissement directs CT sont donnés d'après WADE [Al-Mutaz I.S. et Al. 1989, Al-Zubaidi A.A.J. 1989] par la somme de :

1. Le coût de la prise d'eau et du système de prétraitement
$$C1 = 808.(Qs/Y)^{0,8} \text{ où Qs : en m}^3/j$$
2. Le coût des membranes
$$C2 = PrB\text{-}10.NB\text{-}10 + PrB\text{-}9.NB\text{-}9$$
3. Le coût des systèmes de pompage et de récupération de l'énergie
$$C3 = 0,00141.Qs.Pf/Y \text{ où Qs : en m}^3/j \text{ et Pf : en KPa}$$
4. Le coût des travaux de génie civil et électrique
$$C4 = 2390.Qs^{0,8} \qquad \text{où Qs : en m}^3/j$$

D'où les coûts d'investissement directs deviennent :
$$\Rightarrow CT = C1 + C2 + C3 + C4$$

II-B-2-2- LES COUTS D'INVESTISSEMENT INDIRECTS :

On admet que les coûts d'investissement indirect CI sont le produit des coûts d'investissement directs affectés par le taux des coûts d'investissement indirects Ccr [Al-Zubaidi A.A.J. 1989] : CI = Ccr.CT

Les coûts totaux d'investissement CIC deviennent donc :
$$CIC = CI + CT = (1+ Ccr).CT$$

II-B-3- L'AMORTISSEMENT ANNUEL DES CAPITAUX COUTS D'INVESTISSEMENT :

L'amortissement annuel des capitaux d'investissement CC est donné par :

$$CC = CIC. \left[\frac{i.(1+i)^n}{(1+i)^n - 1} \right]$$

$$\Rightarrow CC = (1 + Ccr).(C1 + C2 + C3 + C4). \left[\frac{i.(1+i)^n}{(1+i)^n - 1} \right]$$

II-B-4- LES COUTS D'EXPLOITATION:

Les coûts d'exploitation sont la somme des cinq types de coûts suivants:

1. Le coût de remplacement des membranes :
$$Crm = PrB\text{-}10.NB\text{-}10/dvB\text{-}10 + PrB\text{-}9.NB\text{-}9/dvB\text{-}9$$

2. Le coût de l'énergie consommée :
$$Cen = W.If.Pen.365.24 \text{ où } W: \text{énergie consommée en kwh}$$

3. Le coût de la consommation chimique Ccc : on admet que chaque 1 m^3 d'eau produite, coûte 0,04\$ en matière de produits chimiques de traitement [Al-Zubaidi A.A.J. 1989] :
$$Ccc = 0,04.Qs.If.365 \text{ où } Qs : \text{en } m^3/j$$

81

4. Le coût de la maintenance Cma : on admet que le coût de la maintenance représente 5% du capital des charges annuelles [Al-Zubaidi A.A.J. 1989], où on considère seulement: la prise et le système de prétraitement, le système de pompage et de récupération de l'énergie, et les travaux de génie civil et électrique [Al-Zubaidi A.A.J. 1989] :

$$\Rightarrow Cma = 0,05.(1+Ccr).If.(C1+C3+C4).\left[\frac{i.(1+i)^n}{(1+i)^n - 1}\right]$$

5. Le coût de la main d'oeuvre Cmo: d'après l'analyse et la modélisation des statistiques concernant le nombre de salaries nécessaire pour une usine de dessalement [Al-Zubaidi A.A.J. 1989, Glueckstern P. et Al. 1998], qu'un nombre de quinze ouvriers au minimum est nécessaire pour le fonctionnement de l'usine; puis on ajoute un pour chaque 8000 m³/j supplémentaire.

$$\Rightarrow Cmo = (15 + \frac{Q_S}{8000}).Smens.12$$

Où Qs: en m³/j et Smens : est le salaire moyen mensuel pour un ouvrier.

II-B-5- LE PRIX DE REVIENT DE L'EAU DESSALEE :

Le prix de revient d'un m3 de l'eau dessalée sera donc :

Pr = (CC+Crm +Cen + Ccc + Cma + Cmo)/(Qs.365) où Qs: en m³/j.

CHAPITRE III

ELABORATION D'UN CODE D'OPTIMISATION A ALGORITME GENETIQUE

III-1- MODELE MATHEMATIQUE DU PROBLEME A OPTIMISER :

Le problème consiste à minimiser la fonction objectif (le prix de revient) sous un ensemble de contraintes linéaires et non linéaires, dont l'espace de recherche est limité (domaines des variables de décision) :

$\text{Min} |\text{Pr} ix| = \text{Min} |f(\text{Paramètres techniques, paramètres économiques})|$

Les variables de décision sont : les pressions, les conversions, et les rapports de bypassing et des mélanges des différents étages.

Les contraintes sont de trois types : contraintes linéaires, non linéaires et de codages. Les limites sur les espaces de recherche des différents paramètres de décision, représentent des contraintes linéaires. Les contraintes non linéaires sont les limites tolérées sur la salinité totale de l'eau produite par l'usine de dessalement TDS, et sa concentration en Bore.

III-1-1- FONCTION OBJECTIF :
III-1-1-1- VOLET TECHNIQUE :

Modèle solution- diffusion : Modèle Kimura- Sourirajan

$J_v = A.(\Delta P - \Delta \pi)$

$J_s = B.\Delta C$ où A, et B : paramètres de transport.

Conversion : $y = \dfrac{Q_p}{Q_f}$

Coefficient de rejet des sels : $R = 1 - \dfrac{C_p}{C_f}$

Modèle van't Hoff : $\pi = CRT = 10^3 \sum m_i . R.T$ (Solutions diluées)

Modèle de la théorie de film (polarisation) : $J_v = K.\ln \left[\dfrac{C_m - C_p}{C_0 - C_p} \right]$

Avec $\dfrac{k.d_h}{D_2} = Sh = \alpha_1.\text{Re}^{\alpha_2}.Sc^{\alpha_3}$

K : Coef de transfert de masse, D2 : Coef de diffusion.
Modèle de coefficient de transfert de masse : k(Sherwood Sh, Reynolds Re, Schmidt Sc) :

$$Sh = \frac{k.2r_0}{D_2}, \qquad \text{Re} = \frac{2r_0.U.\rho_b}{\mu_b}, \qquad Sc = \frac{\mu}{\rho.D_2}$$

Equations de Continuité (Balance) :

$$Q_f = Q_p + Q_b$$

$$Q_f.C_f = Q_p.C_p + Q_b.C_b$$

Modèle de Hagen-Poiseuille et le modèle de Ergun (perte de pression) :

$$\frac{-dP_p}{dz} = \frac{128\mu.Q_p}{\pi.d_i^4} \quad \text{et} \quad \frac{-dP_b}{dr} = 150\frac{(1-\varepsilon)^2}{\varepsilon^3}\mu\frac{U}{d_p^2} + 1,75\frac{(1-\varepsilon)}{\varepsilon^3}\rho\frac{U^2}{d_p}$$

III-1-1-2- VOLET ECONOMIQUE, FONCTION COUT :

- Coût Amortissement(Qp) :
  - Coût investissement direct
    - prise d'eau
    - membranes
    - système énergitique
    - travaux génie civil et électrique
  - Coûts investissement indirect : portion des coûts d'investissement direct

- Coûts Exploitation (Qp, Cp) :
  - remplacement membranes
  - consommation énergitique
  - produits chimiques
  - maintenance
  - main d'oeuvre

Prix de revient = (amortissement annuel + coûts exploitation)/(Qps.365)

III-1-2- CONTRAINTES :

- Contraintes linéaires :

$$5515,81 \leq P_{f1} \leq 8273,71\,KPa$$
$$2413,17 \leq P_{f2} \leq 2757,90\,KPa$$
$$2413,17 \leq P_{f3} \leq 2757,90\,KPa$$
$$0,0 \leq ye_1 \leq 0,6$$
$$0,0 \leq ye_2 \leq 0,8$$
$$0,0 \leq ye_3 \leq 0,8$$
$$0,0 \leq Pr_1 \leq 1,0$$
$$0,0 \leq Pr_2 \leq 1,0$$
$$0,0 \leq Pr_3 \leq 1,0$$

- Contraintes non linéaires : $\begin{cases} C_p \leq 500\,\text{ppm} \\ C_{Bore} \leq 0,5\,\text{ppm} \end{cases}$

- Contraintes de codage : exprimées en longueurs de codage des variables de décisions et de la fonction d'adaptation.

$$\begin{cases} lc(P_{f1}) \leq 11\,\text{bits} \\ lc(P_{f2}) \leq 9\,\text{bits} \\ lc(P_{f3}) \leq 9\,\text{bits} \\ lc(ye_1) \leq 14\,\text{bits} \\ lc(ye_2) \leq 14\,\text{bits} \\ lc(ye_3) \leq 14\,\text{bits} \\ lc(Pr_1) \leq 14\,\text{bits} \\ lc(Pr_2) \leq 14\,\text{bits} \\ lc(Pr_3) \leq 14\,\text{bits} \\ lc(\text{adaptation}) \leq 14\,\text{bits} \end{cases}$$

III-2-MODELISATION CONCEPTUELLE:

III-2-1- METHODOLOGIE :

La sélection des schémas de conception des systèmes d'osmose inverse, est basée sur :
- le pouvoir de produire de très bonne qualité d'eau.
- le pouvoir de récupérer et d'économiser de l'énergie consommée.
- le pouvoir de récupérer le rejet (retentât) dans les limites d'efficience, afin d'économiser de l'eau et de l'énergie de pompage.
- le pouvoir d'utiliser plus qu'une variété de membranes dans le même système d'osmose inverse (forte salinité- faible conversion, et faible salinité- forte conversion), tout en profitant des différences des coûts de ces membranes.
- le pouvoir de mélanger de l'eau dessalée à haute qualité- fort coût avec de l'eau dessalée à qualité moins bonne- faible coût (vu que la qualité est un résultat de fixation des variables de décision, et pas l'inverse).

86

Basant sur ces critères, nous avons sélectionné treize schémas de conception, pour des raisons purement d'efficacité et d'utilité. En considérant ces deux derniers éléments ; nous avons ignoré les conceptions à deux étages en série rejet (le 2eme monté sur le rejet du premier), car il est inutile de récupérer une eau ayant une salinité supérieure à celle de l'eau de mer. Nous avons ignoré aussi les conceptions à recyclage de rejet pour les mêmes raisons, ainsi que les mélanges eau produite- eau de mer, même si en respectant les contraintes sur la salinité, car l'effet sur le coût est très négligeable.

Les treize conceptions sélectionnées (voir figure 1), sont globalement :

- un système à un seul étage.
- quatre systèmes à deux étages en série production (un étage et un pass) avec (ou sans) mélange en partie de rejet du deuxième étage avec le produit total, et le bypassing en partie de perméat du premier étage.
- huit systèmes à trois étages avec (ou non) de bypassing et de mélange.

Dans toutes les conceptions: nous avons considéré des systèmes avec récupération de l'énergie. Les pass (étages montés sur les série production) sont toujours dotés de systèmes de mise en pression, car leur alimentation est à faible pression (la production de l'étage précédent est toujours à une pression proche de la pression atmosphérique, tandis que les rejets ont des pressions considérables).

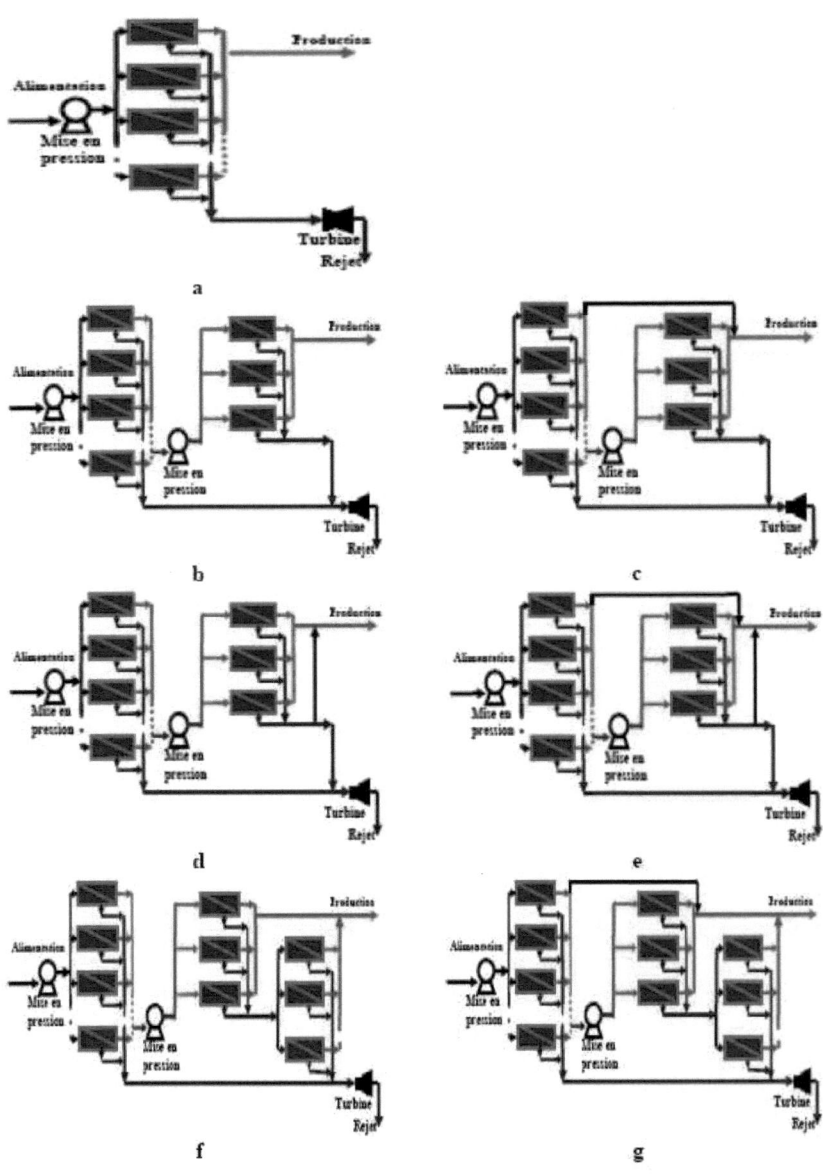

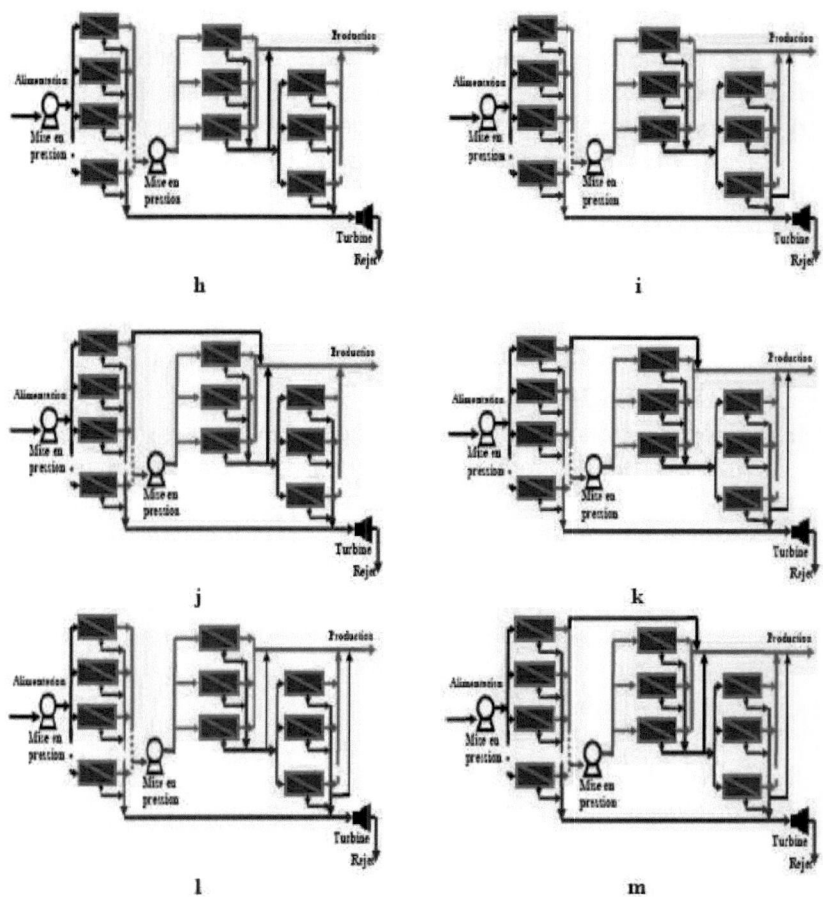

Figure 1: schémas des différentes conceptions des systèmes osmose inverse

III-2-2- DEFINITIONS:

a   système à un seul étage

b   système à deux étages (un étage et un pass)

c   système à deux étages (un étage et un pass) avec bypass de perméat du premier étage

d   système à deux étages (un étage et un pass) avec mélange de rejet du deuxième étage e   système à deux étages (un étage et un pass) avec by pass de perméat du premier et mélange de rejet du deuxième étage

f   système à trois étages (deux étages et un pass sur le premier)

g   système à trois étages (deux étages et un pass sur le premier) avec bypass de perméat du premier étage

h   système à trois étages (deux étages et un pass sur le premier) avec mélange de rejet du deuxième étage

i   système à trois étages (deux étages et un pass sur le premier) avec mélange de rejet du troisième étage

j   système à trois étages (deux étages et un pass sur le premier) avec bypass de perméat du premier et mélange de rejet du deuxième étage

k   système à trois étages (deux étages et un pass sur le premier) avec bypass de perméat du premier et mélange de rejet du troisième étage

l   système à trois étages (deux étages et un pass sur le premier) avec mélange des rejets des deuxième et troisième étages

m   système à trois étages (deux étages et un pass sur le premier) avec bypass de perméat du premier et mélange des rejets des deuxième et
troisième étages

III-2-3- MODELE DU DEBIT DE PERMEAT :

Pour un système global à trois étages, nous avons :

$$Q_{pt} = \text{Pr}_1 . Q_{pe1} + Q_{pe2} + \text{Pr}_2 . Q_{pe2} + \text{Pr}_3 . Q_{pe3} + Q_{pe3}$$

Avec $Q_{fe2} = Q_{pe1} - \text{Pr}_1 . Q_{pe1} = (1 - \text{Pr}_1) . Q_{pe1}$

Et : $Q_{fe3} = Q_{re2} - \text{Pr}_2 . Q_{re2} = (1 - \text{Pr}_2) . Q_{re2}$

Et nous avons:

$$y_2 = \frac{Q_{pe2}}{Q_{pe1} - \text{Pr}_1 . Q_{pe1}} = \frac{Q_{pe2}}{(1 - \text{Pr}_1) . Q_{pe1}}$$

$$\Rightarrow Q_{pe2} = y_2.(1 - \mathrm{Pr}_1).Q_{pe1} \dots\dots\dots\dots\dots\dots\dots\dots\dots\dots\dots\dots(1)$$

Et

$$y_3 = \frac{Q_{pe3}}{Q_{re2} - \mathrm{Pr}_2.Q_{re2}} = \frac{Q_{pe3}}{(1 - \mathrm{Pr}_2).Q_{re2}} = \frac{Q_{pe3}}{(1 - \mathrm{Pr}_2).(Q_{fe2} - Q_{pe2})}$$

$$\Rightarrow y_3 = \frac{Q_{pe3}}{(1 - \mathrm{Pr}_2).(1 - \mathrm{Pr}_1)..Q_{pe1} - Q_{pe2}}$$

$$\Rightarrow Q_{Pe3} = y_3.(1 - \mathrm{Pr}_2).\left[(1 - \mathrm{Pr}_1) - y_2.(1 - \mathrm{Pr}_1)\right]Q_{pe1}$$

$$\Rightarrow Q_{Pe3} = y_3.(1 - \mathrm{Pr}_2).(1 - y_2)(1 - \mathrm{Pr}_1).Q_{pe1} \dots\dots\dots\dots\dots\dots\dots\dots\dots\dots(2)$$

$$\mathrm{Et} \Rightarrow Q_{re2} = Q_{fe2} - Q_{pe2} = (1 - \mathrm{Pr}_1).Q_{pe1} - Q_{pe2} = (1 - \mathrm{Pr}_1).(1 - y_2).Q_{pe1}$$

$$\Rightarrow Q_{re2} = (1 - \mathrm{Pr}_1).(1 - y_2).Q_{pe1} \dots\dots\dots\dots\dots\dots\dots\dots\dots\dots \dots\dots(3)$$

Et

$$Q_{re3} = Q_{fe3} - Q_{pe3} = Q_{re2} - \mathrm{Pr}_2 Q_{re1} - Q_{pe3} = (1 - \mathrm{Pr}_2)Q_{re2} - Q_{pe3}$$

$$= (1 - \mathrm{Pr}_2).(1 - \mathrm{Pr}_1).(1 - y_2).Q_{pe1} - y_3.(1 - \mathrm{Pr}_2).(1 - y_2)(1 - \mathrm{Pr}_1).Q_{pe1}$$

$$\Rightarrow Q_{re3} = (1 - y_2)(1 - y_3)(1 - \mathrm{Pr}_2).(1 - \mathrm{Pr}_1).Q_{pe1} \dots\dots\dots\dots\dots\dots\dots\dots\dots(4)$$

$$\Rightarrow Q_{Pt} = \mathrm{Pr}_1.Q_{pe1} + y_2.(1 - \mathrm{Pr}_1).Q_{pe1} + \mathrm{Pr}_2.(1 - \mathrm{Pr}_1).(1 - y_2).Q_{pe1}$$
$$+ \mathrm{Pr}_3.(1 - y_2).(1 - y_3).(1 - \mathrm{Pr}_1).(1 - \mathrm{Pr}_2)Q_{pe1}$$
$$+ y_3.(1 - \mathrm{Pr}_2).(1 - \mathrm{Pr}_1).(1 - y_2).Q_{pe1}$$

$$\Rightarrow \begin{cases} Q_{pe1} = \dfrac{Q_{pt}}{\mathrm{Pr}_1 + (1 - \mathrm{Pr}_1).[y_2 + \mathrm{Pr}_2.(1 - y_2)] + (1 - \mathrm{Pr}_1).(1 - \mathrm{Pr}_2)(1 - y_2)[y_3 + \mathrm{Pr}_3.(1 - y_3)]} \\ Q_{pe2} = y_2.(1 - \mathrm{Pr}_1).Q_{pe1} \\ Q_{pe3} = y_3.(1 - \mathrm{Pr}_2).(1 - \mathrm{Pr}_1).(1 - y_2).Q_{pe1} \\ Q_{pt} = Q_d \end{cases}$$

III-2-4- MODELE DE LA SALINITE TOTALE DU PERMEAT :

D'après l'équation de continuité; nous écrivons :

$$Q_{pt}.C_{pt} = \Pr_1 .Q_{pe1}.C_{p1} + Q_{pe2}.C_{p2} + \Pr_2 .Q_{re2}.C_{r2} + \Pr_3 .Q_{pe3}.C_{p3}$$

$$\Rightarrow C_{pt} = \frac{\Pr_1 .Q_{pe1}.C_{p1} + Q_{pe2}.C_{p2} + \Pr_2 .Q_{re2}.C_{r2} + \Pr_3 .Q_{pe3}.C_{p3}}{Q_{pt}}$$

III-2-5- MODELE DE LA CONCENTRATION DE BORE DU PERMEAT:

Par analogie à la salinité totale, nous pouvons écrire :

$$C_{Bpt} = \frac{\Pr_1 .Q_{pe1}.C_{Bp1} + Q_{pe2}.C_{Bp2} + \Pr_2 .Q_{re2}.C_{Br2} + \Pr_3 .Q_{pe3}.C_{Bp3}}{Q_{pt}}$$

III-3- PRESENTATION DU CHROMOSOME PRINCIPAL :

Nous avons choisi le codage binaire sans concaténation du chromosome principal, cela nous permet d'éviter la complexité résultant d'un décodage à chaque application des opérateurs génétiques, et lors de calcul d'adaptation.

Les conversions des différents étages ye(1), ye(2) et ye(3), ainsi que les facteurs de bypassing, et de mélange : Pr(1), Pr(2) et Pr(3), sont codée sur quatorze (14) bits afin d'avoir une précision de 10^{-4}, voir figures 2-a, 2-b, 2-c, 2-d, 2-e, et 2-f. Leurs valeurs sont données en pourcentages.

Les pressions appliquées sur les membranes ; destinées aux hautes salinités, Pf(1) sont codées sur onze (11) bits permettant d'avoir une précision de 10^{-1}, voir figure 2-g. Leurs valeurs sont données en Psi (1Psi=6,8964 KPa).

Quant aux pressions appliquées sur les membranes destinées aux faibles salinités Pf(2) et Pf(3), elles sont codées sur neuf (09) bits, permettant d'avoir une précision de 10^{-1} aussi, voir figures 2-h, 2-i et 2-j. Leurs valeurs sont données en Psi toujours.

La figure 3, schématise la disposition des différents gènes sur le chromosome principal, et montre la longueur totale du codage de ce dernier, et les longueurs des différents gènes.

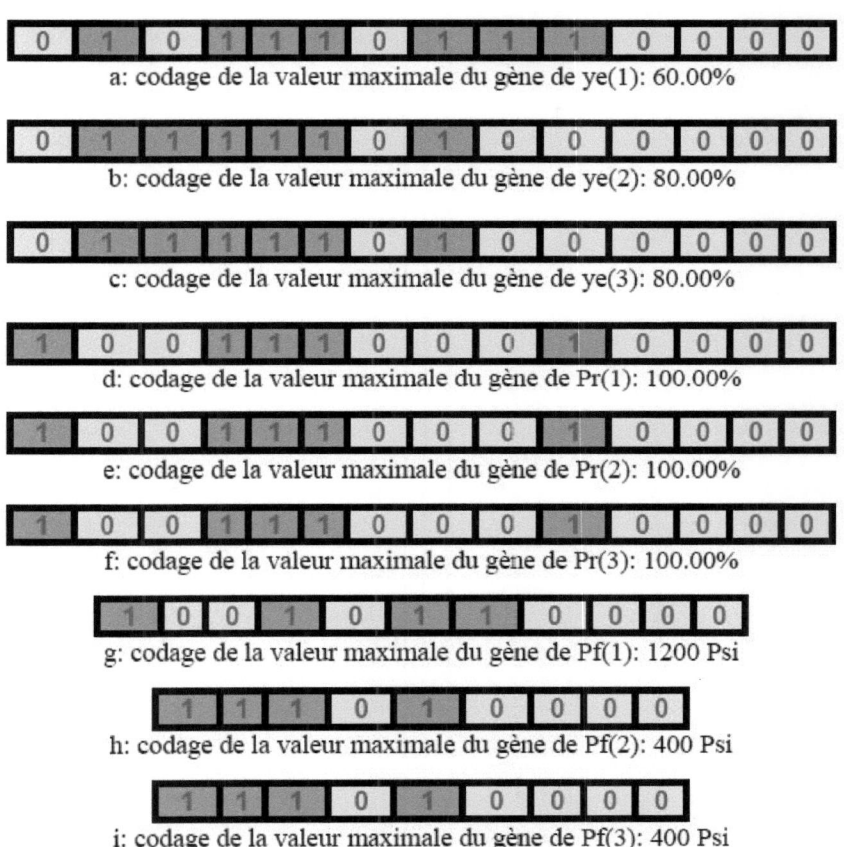

a: codage de la valeur maximale du gène de ye(1): 60.00%

b: codage de la valeur maximale du gène de ye(2): 80.00%

c: codage de la valeur maximale du gène de ye(3): 80.00%

d: codage de la valeur maximale du gène de Pr(1): 100.00%

e: codage de la valeur maximale du gène de Pr(2): 100.00%

f: codage de la valeur maximale du gène de Pr(3): 100.00%

g: codage de la valeur maximale du gène de Pf(1): 1200 Psi

h: codage de la valeur maximale du gène de Pf(2): 400 Psi

i: codage de la valeur maximale du gène de Pf(3): 400 Psi

Figure 2: Codage des différents gènes

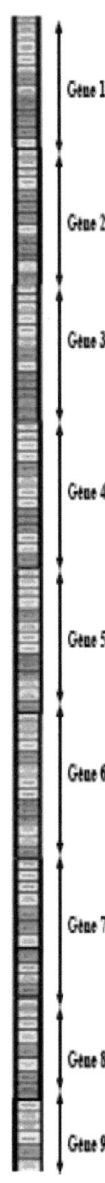

Figure 3: dispositions des différents gènes sur le chromosome principal.

III-4- PRESENTATION DE L'ALGORITHME GENETIQUE :
III-4-1- STRUCTURE DE L'ALGORITHME GENETIQUE :

Notre algorithme génétique est composé d'une manière globale, comme présente le schéma de la figue 4, de :

Deux générateurs : pour générer la population initiale :
- ❖ Un générateur purement aléatoire.
- ❖ Un générateur par balayage, qui travaille spécialement sur les limites de l'espace de recherche, afin de favoriser et d'améliorer la convergence.

Quatre opérateurs génétiques : pour activer les opérations génétiques sur les différents chromosomes :
- ❖ Opérateur de sélection.
- ❖ Opérateur de croisement.
- ❖ Opérateur de mutation.

Les opérateurs génétiques sont renforcés par :
- ❖ Opérateur de pénalisation.

Quatre mécanismes pour donner le pragmatisme et l'efficacité nécessaire à l'algorithme génétique :
- ❖ Mécanisme de codage.
- ❖ Mécanisme d'adaptation : évaluation du fitness des chromosomes.
- ❖ Mécanisme de chasse : de l'optimum (évaluer les performances: calcul de fitness et respect des contraintes), pour tirer le chromosome le plus performant.
- ❖ Mécanisme d'arrêt.

Notre algorithme génétique est composé de trois principales phases :
- ❖ Phase d'initiation.
- ❖ Phase d'évolution.
- ❖ Phase d'évaluation.

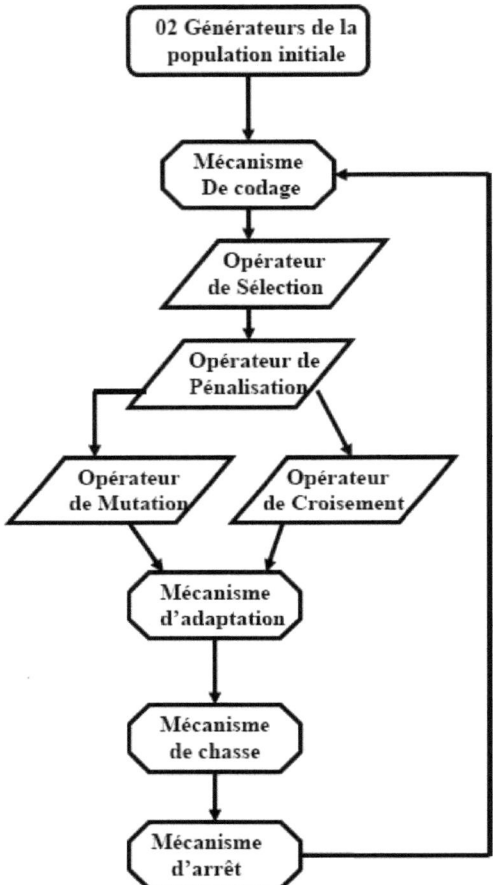

Figure 4: Différentes composantes et fonctionnement de l'algorithme

III-4-2- DESCRIPTION DE L'ALGORITHME GENETIQUE :

1- génération de la population initiale :

La population initiale est de 200 individus pour le générateur aléatoire, et d'un maximum de 720 individus pour le générateur heuristique par balayage (la taille de la population initiale est de 200 à 720 individus).

96

Ce que produira 200x9=1800 variables crées par tirage au sort pour le premiers type de générateurs, et 720x9=6480 variables crées sur les limites du domaine de recherche, pour le deuxième type.

2- codage : nous avons choisi un codage binaire des chromosomes par ordre de simplicité (pas de codage de Gray). Pour des raisons de simplicité, et pour favoriser la diversité et l'efficacité de croisement, et afin de donner à chaque génération, une population tout à fait différente à la précédente, nous avons évité la concaténation, et par conséquent ; chaque gène est codé seul.

3- croisement :

Pour chaque type de variables (gènes), on effectue le croisement avec une probabilité de 0,9 (90% des individus) ; on fait croisement entre l'individu le plus adapté et le moins adapté, puis entre le deuxième des plus adaptés et l'avant dernier, et ainsi de suite. L'opérateur de croisement ne s'applique qu'après classement des individus. Nous avons opté pour un découpage systématique en deux points. C'est l'équivalent d'un nombre de points de coupe total de deux fois le nombre de variables (gènes) pour un codage par concaténation.

4- mutation : nous avons choisi une probabilité de mutation de 0.1 (la mutation est appliquée sur 10% des individus).

Sur le même gène, la probabilité de mutation de bits est de 1/l, où l : est la longueur du gène codé.

Nous effectuerons aussi, une mutation (rarement) lorsque -pendant l'opération de croisement- nous rencontrerons un couple de gène très pauvre (absolument pauvre): formés par individus identiques et ne disposent d'aucune possibilité d'évolution. Ce ci rentre dans le but de favoriser l'enrichissement génétique des populations.

La mutation est appliquée sur les gènes après croisement, suivant un processus hasardeux.

5- Sélection :

Nous avons choisi une technique de sélection proportionnelle par la roulette biaisée de Goldberg. Soixante (60) individus seront sélectionnés à chaque étape (la taille de la population inter-générations est de 60 individus).

Les descendants, remplacent complètement leurs parents suivant la roulette de Goldberg.

6- Mécanisme d'arrêt :

Nous avons choisir un critère d'arrêt basé sur un nombre de générations fixé à 1000 (nombre total de générations).

Pour donner une sérieuse assurance de convergence, ce critère est co-annexé à une condition de cesse d'évolution après les cinquante (50) dernières générations. Sinon; après cinquante (50) générations supplémentaires.

7- Convergence :

La convergence est assurée par le fonctionnement d'un mécanisme de chasse et de deux opérateurs de classement, et de pénalisation.

7-1- Opérateur de Pénalisation (pénalisation- favorisation) :

Pour éviter la pré maturation, en sens précis: avoir des générations ne comprennent qu'un chromosome dominant différent de l'optimum global, ce qui réduit la richesse génétique, une pénalisation exponentielle a été choisie avec un coefficient qui varient de 0,01 à 5. L'expérience montre que, réellement, l'opérateur de pénalisation est nécessaire pour la convergence, qui a pour rôle, la réduction des écarts inter- fitness, pour favoriser la sélection des meilleurs ou bien des mauvais chromosomes. Une pénalisation effectuée en principe avec un coefficient inférieur à l'unité est importante. Mais dans certains cas, la favorisation (pénalisation par un coefficient supérieur à l'unité) joue aussi le rôle.

7-2- Opérateur de classement :

A la maturation de chaque génération, le mécanisme classe les individus suivant l'adaptation (fitness) croissante, et les emmagasine dans un vecteur 1x10 (pour chaque variable + l'adaptation: donc pour chaque gène ainsi pour l'adaptation du chromosome global). Un tableau de 60x10 est réservé pour le stockage de codes des gènes (et donc des valeurs des variables de décision et de la fonction objectif). Le tableau est à constituer au fur et à mesure de l'évolution, et l'occupation de positions se fait à la maturation finale de la génération. Pour chaque vecteur correspondant au tableau, la première est réservée à l'optimum temporaire de la génération courante.

98

7-3- Mécanisme de chasse :

Un mécanisme est mis en ouvre pour chasser l'optimum dans chaque nouvelle génération, et poursuit l'opération inter-générations.

L'optimum de la génération précédente sera comparé à celui de la présente, afin de garder toujours l'optimum, permettant à la fin de l'algorithme, de sortir avec l'optimum global (absolu) formant la solution du problème.

La solution est représentée toujours par un vecteur à dix (10) composantes: neuf (09) variables de décision et le prix de revient unitaire (adaptation).

III-4-3- REGLAGE DES PARAMETRES GENETIQUES :

- ❖ Nombre de gènes : le chromosome principal est composé de neuf (09) gènes.
- ❖ Taille du chromosome: longueur de codage, dans notre cas, elle est de 113 codes.
- ❖ Tailles de populations :
  - Population initiale: nous avons choisi une population initiale de 200 individus pour le générateur aléatoire, et de 720 individus au maximum pour le générateur heuristique.
  - Populations inter- générations: nous avons choisis une population de soixante (60) individus à faire évoluer d'une génération à une autre jusqu'à la fin. La taille de la population inter- génération doit être conservé constant jusqu'à la dernière génération.
- ❖ Probabilité de croisement Pc: le choix de la probabilité de croisement est décisif, et doit être élevée (autour de 0,9) afin de bien explorer les sous domaines, et pour favoriser la convergence. Pour effectuer le croisement, nous allons travailler à deux niveaux :
  - A l'échelle de chromosomes: choisir les gènes sur lesquels, on effectue le croisement. Pour notre cas, tous les gènes subissent le croisement.
  - A L'échelle de gène: choisir la position de point de coupe et la longueur de gène à couper. Pour ceci, la probabilité de

croisement sur un gène est de 0,1. La probabilité totale de mutation sur le chromosome devient: 9x0,1=0,9.

❖ Nombre de points de coupe sur le chromosome: il doit être supérieur à l'unité. Pour notre cas, nous avons choisi 2xnombre de gènes, c.à.d chaque gène est coupé en deux points.

❖ Probabilité de mutation Pm: le choix de la probabilité de mutation est aussi important. Il doit être faible (autour de 0,1) pour bien prospecter l'espace de recherche, s'en débarrasser des pièges et ne modifier pas complètement le chromosome. Pour effectuer la mutation, nous travaillons à trois niveaux (échelles) :

• l'échelle de chromosomes : choisir les gènes sur lesquels, on effectue la mutation. Pour notre cas, tous les gènes subissent la mutation.

• L'échelle de gène : choisir la position de bit à muter. Pour ceci, la probabilité de mutation est de $\frac{1}{10 x Nombre\ de\ gènes} = \frac{1}{10.9} = \frac{1}{90} \approx 0,01.$

La probabilité totale de mutation sur le chromosome devient: 9x1/90=0,1.

• Et l'échelle de bits : choisir le nombre de bit à muter par gène. Nous avons fixé de muter un bit par gène ; soit une probabilité de 1/l où l est la longueur (nombre de bits) d'un gène.

❖ Critères d'arrêt : le critère d'arrêt est basé sur l'absence de l'évolution sur les dernières générations, qu'on fixe au nombre de générations supplémentaires, si non, on ajoute à chaque fois ce nombre au nombre total de générations, et on contrôle l'évolution.

❖ Coefficient de pénalité :

III-4-4- GESTION DES CONTRAINTES :

Les contraintes à gérer sont de trois types :

❖ Contraintes sur la solution :

- Contrainte quantitative: Le débit total produit par l'usine doit être égal au débit demandé (le débit de design).
- Contraintes qualitatives :
    ♦ la salinité totale du produit doit être inférieure à une limite de tolérance imposée.
    ♦ La concentration du Bore ne doit pas dépasser une limite d'empoisonnement fixée.

❖ Paramètres hors champs admissibles :

- les pressions appliquées sur les membranes sont choisies d'une manière à ne pas provoquer ni la déchirure, ni l'altération de résistance ou d'autres performances : limites tolérables de pression, qui sont des caractéristiques intrinsèques des membranes (résistibilité).
- Le choix des conversions se fait dans le cadre de rester toujours dans les limites de fonctionnement des membranes en osmose inverse (pression osmotique positive).
- Le choix des valeurs de mélange, recyclage et by-passing se limite par les possibilités de bon fonctionnement de la conception (configuration) voulue ; dans tout les cas, ils sont compris entre zéro et l'unité.

❖ Contraintes de codage :

Lors du codage, à chaque gène on alloue une longueur maximale. Et puisque la valeur de bit sur le gène dépend aussi de la position (la valeur augmente suivant une série géométrique de base 2). Les opérateurs génétiques doivent s'opérées sur une longueur maximale correspondante à la longueur de codage. Après application de ces opérateurs, on doit vérifier que les descendants appartiennent aux champs admissibles.

III-5- PRESENTATION DU LOGICIEL DESALTOP :
III-5-A- STRUCTURE GENERALE DU DESALTOP :

Le logiciel DESALTOP, est structuré en six (06) blocs, composés globalement de trente neuf (39) composantes (unités, modules, Subroutines).

Un premier bloc est réservé à la définition des paramètres à utiliser (01 subroutine), un deuxième bloc est réservé à l'acquisition des données (06 subroutines), un troisième pour la conception et le calcul des performances techniques et économiques (10 subroutines), le quatrième bloc contenant les différents générateurs, mécanismes et opérateurs génétiques (09 subroutines), le cinquième pour les mécanismes de codage et décodage des paramètres et chasse de la solution (07 subroutines), et enfin le sixième bloc contient est réservé au corps du programme principale (sélection de choix et modes d'affichage) (06 subroutines).

III-5-B- BLOC DES DEFINITIONS :
1- SUBROUTINE VARIABLES :
La fonction de ce Subroutine est la définition de tous les paramètres, variables, vecteurs, tableaux etc. à utiliser. Ce Subroutine est à appeler par toutes les autres unités.

III-5-C- BLOC D'ACQUISITION DES DONNES :
2- STAND1B10 :
Son rôle est le chargement des données spécifiques aux membranes à haute salinité, principalement ; les perméabilités et conditions opératoires standards (taux de passage, pression de production, salinité d'alimentation, pression osmotique).

3-STAND1B9 :
Il est identique au Stand1B10, mais il concerne les membranes à faible salinité (eaux saumâtres).

4- PARAMECO :
son rôle est de charger les tout les paramètres économiques (taux d'investissement, prix de l'énergie et membranes, durées de vie de l'usine et des membranes, les rendements des équipements énergétiques, nombre d'ouvriers, salaires et facteur d'utilisation de l'usine).

5- TRANSFERT1 :
Vu l'incompatibilité des unités d'acquisition des données (unités internationales), et de fonctionnement des différents Subroutines, celui ci est conçu pour effectuer les changements de variables nécessaires.

6- DONNEES :
Son rôle est le chargement des données de base : capacité de l'usine, température de l'eau, salinité totale et concentration de Bore dans l'eau à dessaler, valeurs cibles de salinité et de Bore, limites de résistances aux pressions des membranes. Ainsi, il permet de charger les paramètres (pressions et taux de conversion, de bypassing et de mélange) d'une configuration imposée qu'on veut calculer.

7- DATA_FICHIER :
Il permet de lire les donner d'une installation à optimiser, à partir d'un fichier au format prédéfini.

III-5-D- BLOC DE CALCULS ET CONCEPTIONS :
8- PERFDB10 :
Il calcul le débit des modules à membranes à haute salinité pour, l'étage indiqué et défini par les variables d'entrée et les variables de décision fixés au préalable par les Subroutines qui l'appellent.

9- PERFQB10 :
Il calcul la qualité du perméat des modules à membranes à haute salinité pour un étage prédéfini.

10- PERFDB9 :
Il est identique au PerfdB10, mais destiné aux modules à membranes à faible salinité (eaux saumâtres).

11- PERFQB9 :
Identique au PerfqB10, mais destiné aux modules à membranes à faible salinité (eaux saumâtres).

12- PERFDETAGE :

Il calcule les débits de perméat dans chaque étage, et les stocke dans un vecteur permettant leur utilisations par d'autres Subroutines, spécialement: le Subroutine Calcetage.

13- PERFQETAGE :

Il réajuste le calcul des débits d'étages, et définie et calcule les différents débits d'alimentation et de rejet, et les concentrations dans les rejets des différents étages.

14- PERFTOTAL :

Il calcul les paramètres totaux de l'installation : débits, salinités et concentrations de Bore, dans le perméat et le rejet, ainsi que la conversion totale du système.

15- CALCETAGE :

Le rôle de ce subroutine est, le calcul d'affinité des paramètres globaux du système : nombre et type de modules dans chaque étage, et la désignation de type de membranes à utiliser (à forte ou à faible salinité). Il appelle pour son exécution, les subroutines : PerfdB10, PerfqB10, PerfdB9, PerfqB9, Energie, Economie, Perfdetage, Perfqetage et Perftotal, voir figure 8.

16- ENERGIE :

il calcule les pertes de pression dans chaque étage, l'énergie consommée dans chaque étage, et celle consommée par l'ensemble des étages, sans et avec récupération de l'énergie.

17- ECONOMIE :

Il calcule tout les éléments structuraux des coûts (différents coûts d'investissement et d'exploitation ainsi que le coût total et le prix de revient unitaire de l'eau dessalée).

III-5-E- BLOC DES UNITES GENETIQUES :

18- NOMBRE_BITS :

Conçu essentiellement dans le cadre du codage des individus, l'objectif est de déterminer la longueur de codage et les valeurs de bits. Il est capable aussi d'afficher à la demande, le code de chaque individu.

19- MUTATION :

Il a comme paramètre d'entrée, l'individu à muter (choisi aléatoirement suivant sa probabilité), et comme paramètre de sortie, l'individu muté. C'est à cette unité de fixer aléatoirement la position de mutation.

20- CROISEMENT :

Il a comme paramètres d'entrée : les individus parents, et comme paramètres de sortie : les individus descendants. C'est à ce Subroutine de fixer aléatoirement les points de coupe sur chaque individu (code).

21- SELECTION :

Le rôle de ce Subroutine est d'effectuer la sélection suivant le mécanisme de la roulette biaisée de Golgberg. Ce Subroutine calcule la valeur globale d'adaptation de chaque génération, la probabilité de chaque individu et les probabilités cumulées par ordre croissant. La sélection ne s'effectue qu'après le classement de la population. Les bons éléments auront bien une probabilité élevée de sélection.

Ce Subroutine n'effectue la sélection qu'après avoir appelé le Subroutine Scaline.

22- SCALING :

Le rôle de ce Subroutine est d'effectuer la pénalisation des individus de chaque génération, suivant une fonction exponentielle, où la puissance (coefficient de pénalisation) varie de 0,01 à 5, et à fixer à priori suivant l'expérience. Le role essentiel de cette unité est d'éviter la prématuration génétique.

23- PARAM_GENETIQUES :

Il tire aléatoirement des individus, et vérifiera le respect des contraintes dans l'espace de recherche.

24- PARAMETRES_GENETIQUES_GLOBALS :

Il permet de régler et de fixer les paramètres génétiques avec lesquels fonctionnent les différents opérateurs génétiques.

25- GEN_POP_INIT_AL :

Il représente le générateur de population de la génération initiale par, voie purement aléatoire.

Pour pouvoir se dérouler, il fait appel aux Subroutines Param-genetiques et Calcetage. A la fin de la création de la population initiale, il fait appel aussi à Prepar-classement pour, préparer les individus de la population crée, au classement, voir figure 9.

26- GEN_POP_INIT_BAL :

De sa part, il représente un générateur de population de la génération initiale par, voie heuristique (sur les limites de l'espace de recherche), pour améliorer la convergence, voir figure 10.

III-5-F- BLOC DE CODAGE, DECODAGE ET CHASSE :

27- ORDONNANCEMENT :

Il classe par ordre crissant, les individus d'une génération après maturation. La première classe est réservée au préalable à l'individu le plus adapté (meilleur individu) et ainsi de suite.

Cette unité est primordiale pour l'exécution des modules Scaling et Selection, et pour chasse l'optimum.

L'entrée de cette unité est un tableau de (10=9+1).nombre d'individus de la population : contenant les variables de décision (09) et leur adaptation. La sortie est un tableau de mêmes dimensions. On peut ajouter aussi deux vecteurs pour la salinité totale liée à la population ainsi que la concentration de Bore.

28- OPTIMAL_PARAMETERS :
Son rôle est l'emmagasinement du vecteur représentant la population optimale. Ce vecteur est de dimensions 1x9 (nombre de variables de décisions).

29- ADAPTATION_SOLUTION :
Il ajuste les valeurs des variables de décision de la solution finale (optimum global).

30- REGLAGE_UNITES :
Son rôle est la conversion des unités des paramètres de décision. Les unités de sortie sont : m3/j pour les débits, ppm pour les concentrations, KPa pour les pressions. Pour les taux de conversion, bypassing et mélange, ils sont exprimés en pourcentage.

31- POINTE :
Son rôle est de chasser l'optimum local de chaque génération, au fur et à mesure de l'évolution des générations. Il tire à la fin -suivant le mécanisme d'arrêtl'optimum global.

32- PREPAR_CLASSEMENT :
Pour faciliter le passage entre les valeurs réelles et les valeurs entières (notant que tout les opérateurs génétiques ne s'appliquent que dans l'ensemble des entiers : les naturels).
Ce Subroutine convertie les valeurs réelles des variables de décision en valeurs entières avec la prise en compte de la précision de conversion. Cette opération est un préparatif au codage.

33- INV_PREPAR_CLASSEMENT :
Son rôle est principalement le décodage des individus, avec respect des précisions de codage. Le décodage sert de passage entre individus génétiques et variables de décision pour, injecter ces dernières dans les Subroutines de calcul des performances (unités du bloc : calculs et conceptions).

III-5-G- BLOC DU CORPS PRINCIPAL DU PROGRAMME :

34- PROGRAM DESALTOP :

C'est le corps du programme principal, qui fixe les choix : de calcul, d'option, d'entrée et sortie, etc. Voir figure 5.

35- DESACT_BOR_COND :

Son rôle est d'activer et de désactiver la contrainte imposée sur la concentration de Bore dans le perméat. Vu qu'il est difficile et inutile aussi de limiter le Bore dans le perméat aux valeurs cibles, par les membranes d'osmose inverse seulement, surtout si la concentration de bore dans l'alimentation dépasse certaines valeurs.

36- DESIGN_OPTIMISED :

Il représente l'unité qui gère la partie importante, et qui tourne les différents Subroutines pour atteindre l'objectif principal, qui consiste à trouver la conception et les paramètres optimaux.

Son rôle essentiel est le fonctionnement de l'algorithme génétique et l'obtention de la solution cherchée. Pour ceci, il fait appel à l'ensemble des Subroutines d'une façon systématique (opérateurs et mécanismes génétiques, et unités de calcul des performances et de conception des configurations), voir figure 6.

Son travail consiste à faire évoluer les générations jusqu'à la maturation correcte et totale.

37- DESIGN_IMPOSED :

Il permet de calculer une conception désignée à l'avance par fixation des variables de décision, en appelant les unités nécessaires, voir figure 7.

Son rôle essentiel est de permet de faire des comparaisons spécialement entre les différents modèles utilisés pour l'estimation du prix de revient unitaire de l'eau dessalée.

38- AFFICHAGE_OPTIMISED :

Il est destiné pour afficher -suivant un format prédéfinit- les résultats associés à tous les paramètres (variables de décision, paramètres à l'échelle des modules (permeators), à l'échelle des étages et à l'échelle globale. Ce Subroutine fait appel au Subroutine Reglage_unites pour qu'il fonctionne convenablement. Il affiche les résultats des calculs d'optimisation.

39- AFFICHAGE_IMPOSED :

Il est identique à Affichage_optimised, mais il concerne les résultats d'exécution du Subroutine Design_imposed (résultats de calcul à variables imposés : calcul simple non optimisé).

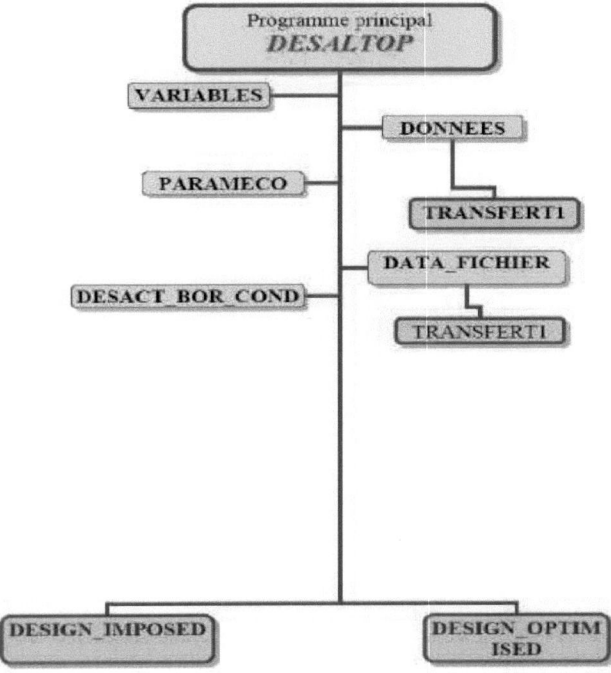

Figure 5: organigramme du programme principal Desaltop.

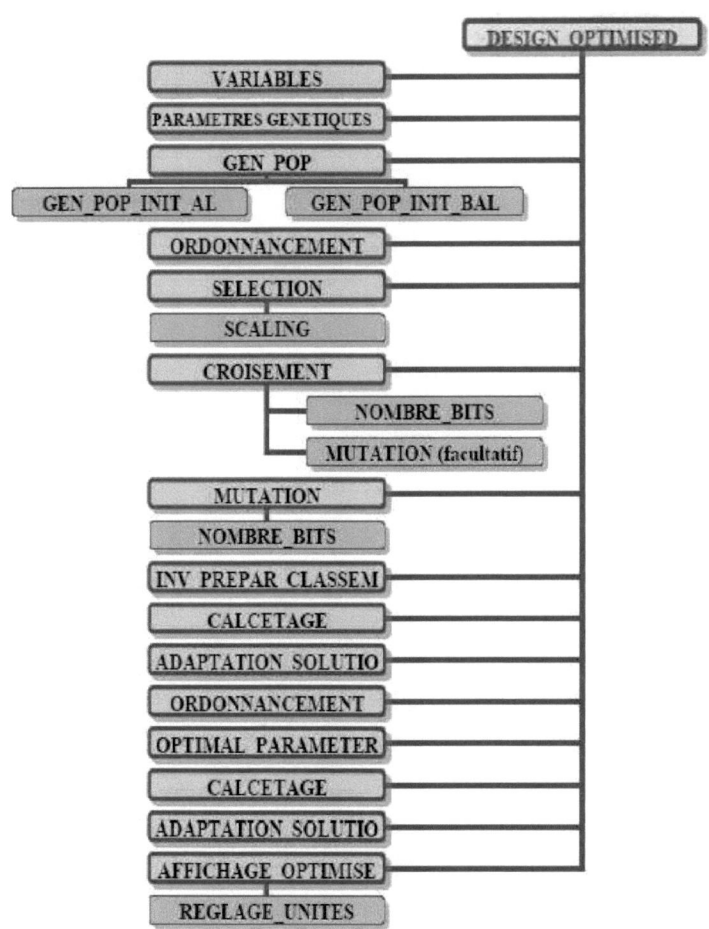

Figure 6: organigramme du Subroutine Desgin_Optimised

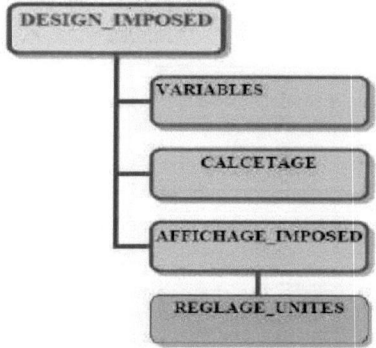

Figure 7: organigramme du Subroutine Design_Imposed

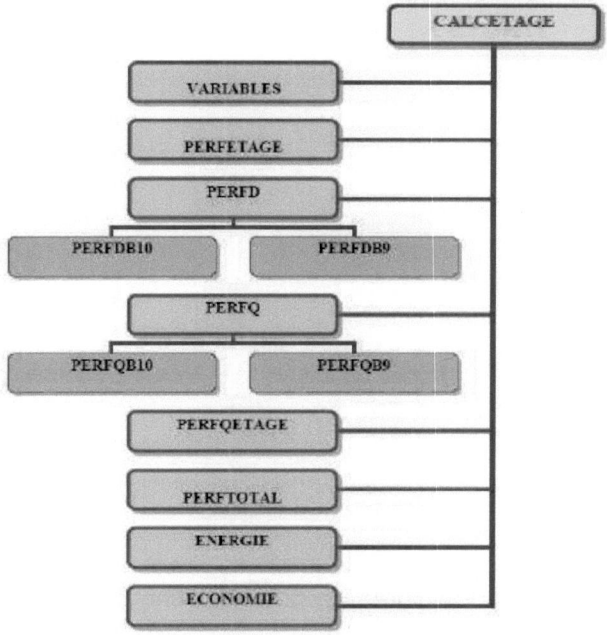

Figure 8: organigramme du Subroutine Calcetage

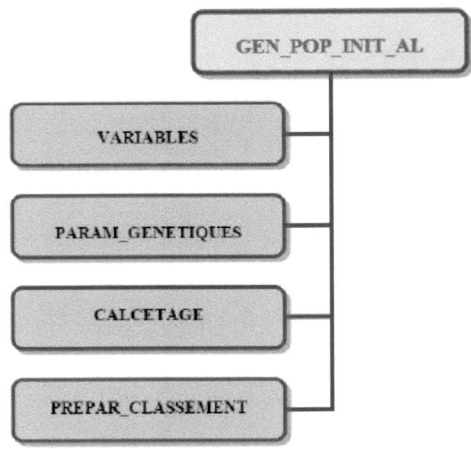

Figure 9: organigramme du Subroutine Gen_Pop_Init_Al

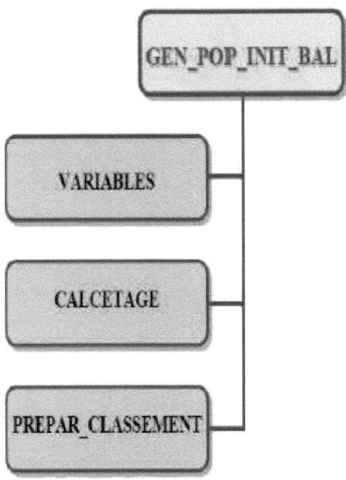

Figure 10: organigramme du Subroutine Gen_Pop_Init_Bal

CHAPITRE IV

VALIDATION DU MODELE DESALTOP

La validation du modèle se fait en trois étapes: l'étude de convergence, la comparaison des résultats à un modèle déterministe, et l'étude de validité sur vingt exemples différents d'usines de dessalement.

IV-1- ETUDE DE CONVERGENCE :
IV-1-1- METHODOLOGIE :

L'étude de convergence du modèle DESALTOP, consiste à l'étude de l'effet de réglage des paramètres génétiques, le rôle de la convergence du Fitness total, et l'effet de l'amélioration de convergence par le Scaling (modification de l'échelle et des écarts). L'étude de convergence est réalisée, en simulant les données de l'usine: Larnaca 'Cyprus' dans le cas de réglage des paramètres génétiques [Tian Li et Al. 2003], et les données de l'usine: Hamma 'Algeria' dans les autres cas [Moraris C.D. et Al. 2004].

IV-1-2- REGLAGE DES PARAMETRES GENETIQUES:

La convergence du modèle est assurée spécialement par :

- le choix de la valeur de la probabilité de croisement Pc; où une valeur de 0,9 s'avère suffisante pour que 90% des individus contribuent aux croisements.
- le choix de la valeur de la probabilité de mutation Pm ; où une valeur de 0,1 suffise pour que 10 % des individus contribuent aux mutations. A l'échelle des gènes, la probabilité de mutation est en fonction de la longueur de codage ; une valeur de 1/lc est suffisante: cela veut dire qu'un seul bit par gène seulement, sera muté ; ce qui permet à l'opérateur de mutation de bien jouer le rôle.
- le choix du nombre de générations : ce paramètre est important pour assurer la convergence à l'optimum global. Dans certains cas, le nombre de générations fixé au préalable, ne permet pas une bonne convergence, pour cela, nous avons ajouté le paramètre

NGS : nombre de générations supplémentaires ; qui va être ajouté à NG si on remarque que le Fitness continue à évoluer. Nous avons pensé que des valeurs de NG=1000, et NGS= 200 sont suffisantes à la convergence. Le critère est fixé à une stabilité du Fitness sur au moins un nombre de génération égal à NGS, c'est le cas de calcul de la station Larnaca 'Cyprus', où l'ajout de NGS en deux fois, a été nécessaire pour assurer la convergence, et le cesse d'évolution (nous avons allé jusqu'à 1400 générations), voir figure 1.

- le choix du coefficient de pénalité (scaling coefficient Cs): une valeur inférieur à l'unité pénalise les meilleurs individus pour qu'ils seront pas sélectionnés à la génération suivante, et en même temps, favorise les moins adaptés, voir figure 2-a, 2-b, 2-c, 2-d, 2-e, 2-f, 2-g, 2-h, 2-i, 2-j et 2-k. Une valeur supérieure à l'unité favorise les meilleurs individus et pénalise les individus les moins adaptés. Une valeur égale à l'unité s'explique par une élimination du scaling, et donc ; tous les individus seront sélectionnés aléatoirement et indépendamment de leurs adaptations.

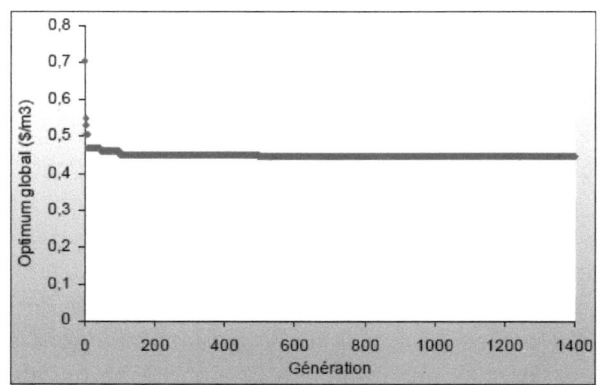

Figure 1: Nombre de générations nécessaires à la convergence
(Station Larnaca 'Cyprus' CNPIG=60,NG=1000,NGS=400, Pc=0.9,
Pm=0.01, Cs=5.0)

114

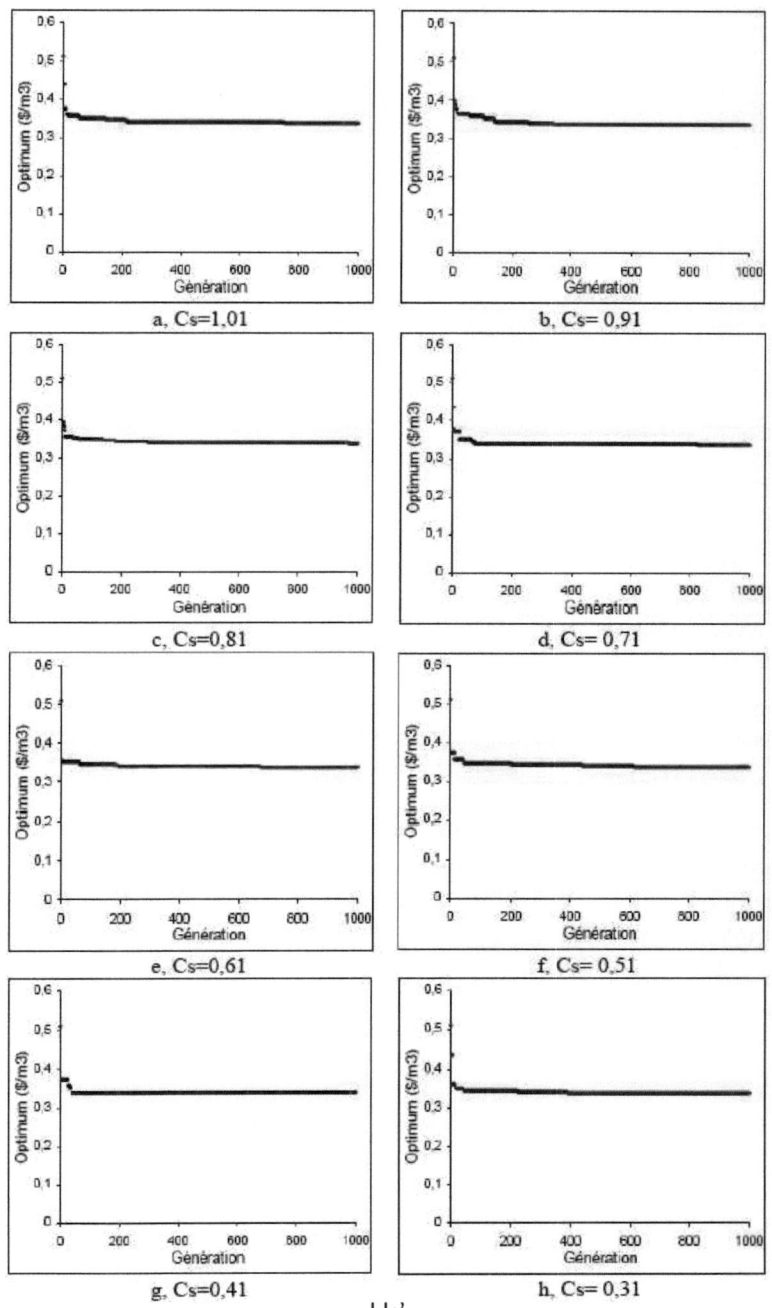

a, Cs=1,01

b, Cs= 0,91

c, Cs=0,81

d, Cs= 0,71

e, Cs=0,61

f, Cs= 0,51

g, Cs=0,41

h, Cs= 0,31

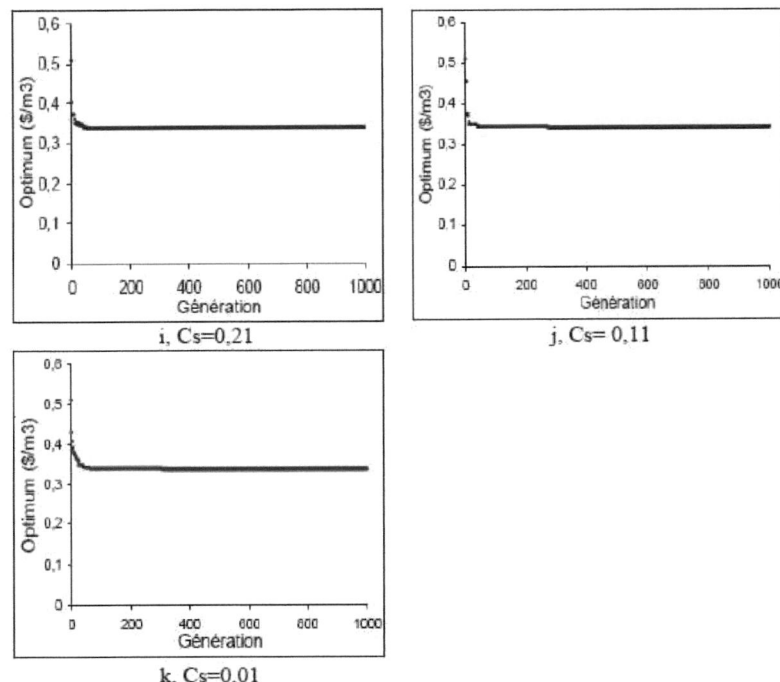

k, Cs=0,01

Figure 2 : Amélioration de l'optimum avec l'évolution des générations pour Cs pénalisant :≤1 (Station Hamma 'Algeria', NPIG=60, NG=1000, Cs=0.01, Pc=0.9, Pm=0.01)

IV-1-3- CONVERGENCE DU FITNESS TOTAL:

Parmi les moyens pour s'assurer de la convergence de l'AG, il y a la tendance à la baisse du Fitness total de la population, et l'amélioration de l'adaptation totale au fur et à mesure de l'évolution des générations, voir figure 3-a, 3-b, 3-c, 3-d, 3-e, 3-f, 3-g, 3-h, 3-i, 3-j et 3-k.

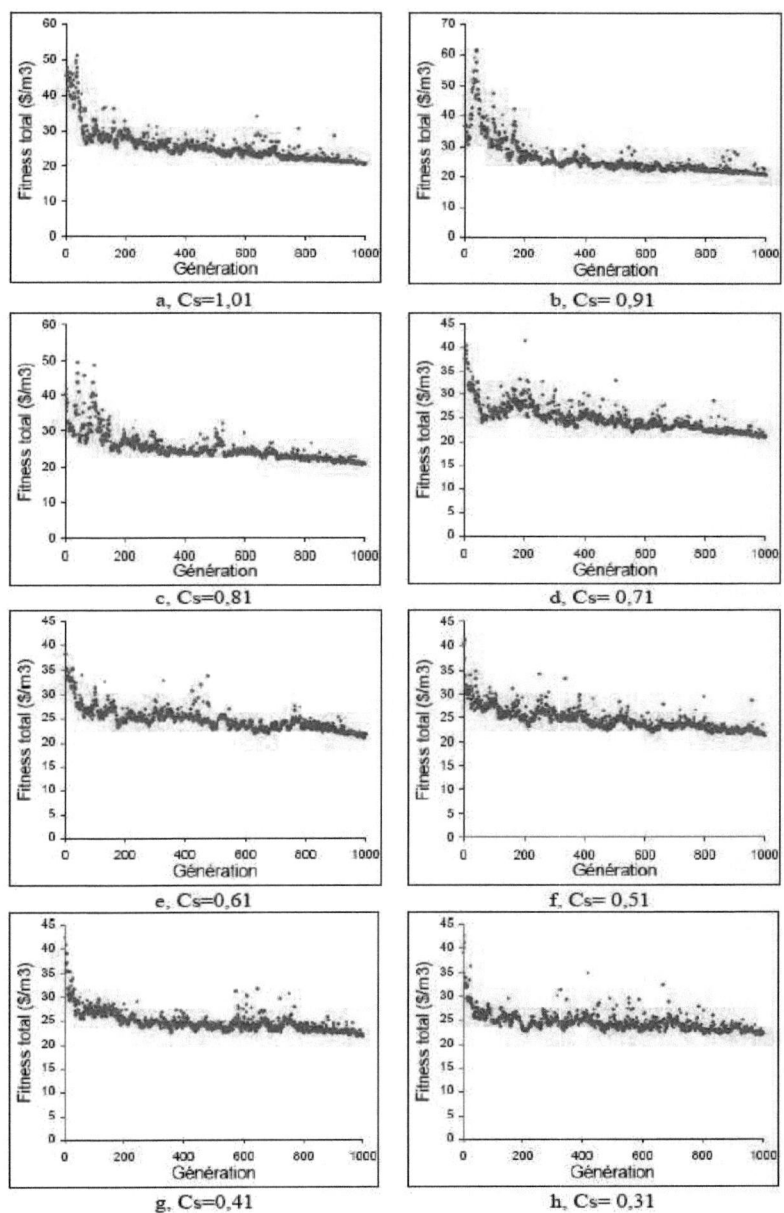

a, Cs=1,01

b, Cs= 0,91

c, Cs=0,81

d, Cs= 0,71

e, Cs=0,61

f, Cs= 0,51

g, Cs=0,41

h, Cs= 0,31

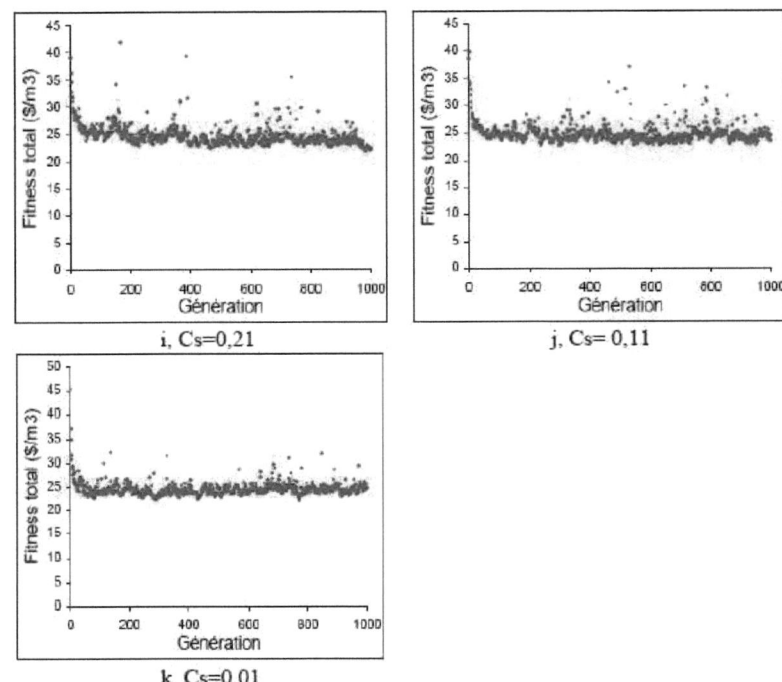

i, Cs=0,21

j, Cs= 0,11

k, Cs=0,01

Figure 3: Amélioration du Fitness total des populations avec l'évolution des générations pour Cs pénalisant :≤1, (Station Hamma 'Algeria', NPIG=60,NG=1000,Cs=0.01,Pc=0.9,Pm=0.01)

IV-1-4- EFFET DU SCALING :

L'effet du scaling est certain sur l'homogénéisation des populations, avec l'évolution des générations, il permet d'avoir dans les générations finales, des individus ayant des adaptations très proches, toujours en partant des populations très diversifiés dans les premières générations, voir figure 4.

Malgré que plusieurs chercheurs aient indiqué que la bonne convergence est obtenue avec un Cs ≈ 0.01, et que les valeurs supérieures à l'unité favorisent la prématuration, nous avons trouvé que les optimums globaux et les bonnes convergences sont obtenus avec une valeur de 5 (Cs ≈ 5), voir figure 5.

118

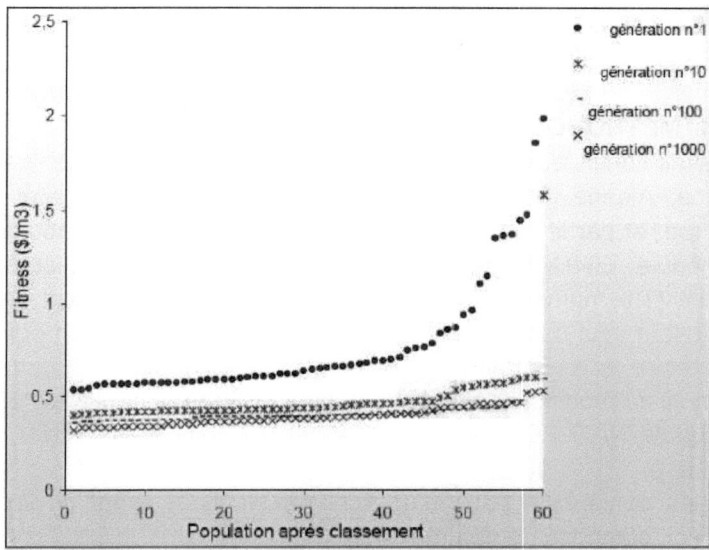

Figue 4: Variation du Fitness à l'intérieur d'une génération avec l'évolution des générations (Station Hamma 'Algeria', NPIG=60, NG=1000, Pc=0.9, Pm=0.01, Cs=0.01)

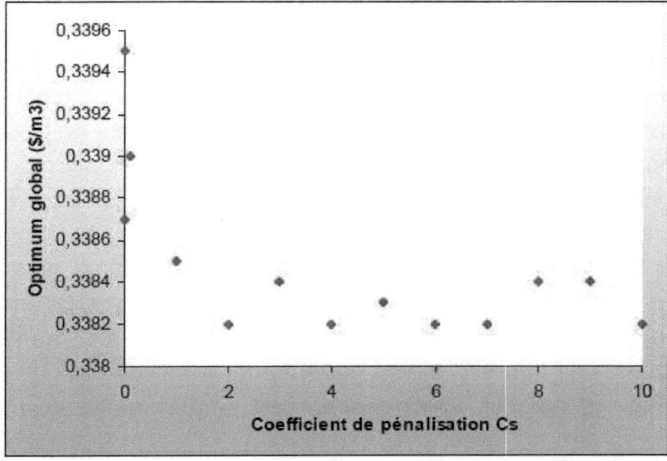

Figure 5: Variation de l'optimum global trouvé par l'AG en fonction de la valeur du choix de coefficient de pénalisation: scaling cœfficient Cs=0.001 à 10 (Station Hamma 'Algeria', NPIG=60, NG=1000, Cs=0.01, Pc=0.9, Pm=0.01)

IV-2- ETUDE DE PERFORMANCE PAR RAPPORT A UN MODEL DETERMINISTE (CAS DU MODULE NAG EO4UCF) :

IV-2-1- METHODOLOGIE :

Le travail consiste à prendre un cas de calcul (données de l'usine: Hamma, Algérie [Moraris C.D. et Al. 2004]) et de les traiter par Desaltop, et par le module NAG (après modification et adaptation). Le module E04UCF parmi toutes les unités de la bibliothèque NAG.lib [The numerical algorithms group limited 1993], est choisi car il est le seul capable de traiter les problèmes à fonction objectif non linéaire, et à contraintes non linéaires, voir figure 6.

Le travail de modification et d'adaptation du Subroutine d'appellation du module NAG E04UCF –appartenant à la bibliothèque NAG.lib-consiste à:

- lire les données à partir d'un fichier e04ucf.dat ayant un format prédéfini, composé de quatre lignes.

Sur la première ligne, on introduit le nombre de variables de décision, le nombre de contraintes linéaires, et le nombre de contraintes non linéaires (tous séparés par des espaces). Sur la deuxième et la troisième ligne, on introduit les valeurs des limites inférieures et supérieures respectivement des variables de décision et des contraintes lainières et non linéaires respectivement. Et sur la quatrième ligne, on introduit les coordonnées du point initial (point de départ, point de démarrage) : valeurs des variables de décisions en ce point.

- effectuer la dérivation numérique de la fonction objectif et des fonctions des contraintes linéaires et non linéaires, par appel du module E04UEF (bibliothèque NAG.lib) [The numerical algorithms group limited 1993]- (avec la prise en compte des paramètres d'entrée), et désactiver les parties qui concerne les dérivations analytiques, voir figure 7, et voir également l'annexe 1.

- modifier le module Design_optimised appartenant au modèle Desaltop à fin de créer deux modules : Design_optimised1 et Design_optimised2, voir figure 7.

Le rôle du premier est de rendre la valeur de la fonction objectif au module NAG E04UCF, alors que le rôle du deuxième est de lui rendre la valeur de la contrainte, à chaque fois qu'ils sont appelés. Ces deux unités sont des modules ayant comme paramètres d'entrée: les valeurs des variables de décision, et comme paramètres de sortie: la valeur de l'adaptation pour le premier, et la valeur de la salinité du produit pour le deuxième, voir également l'annexe 2.

Pour ce type de calculs avec le module NAG E04UCF, nous avons limité le traitement du problème à une seule contrainte, en désactivant celle du Bore.

- lire les résultats dans un fichier e04ucf.res au format prédéfini, en enregistrant le numéro d'itération, la valeur de chaque variable de décision, la valeur de la fonction objectif et celle des contraintes à chaque itération. A la dernière itération, les valeurs données représentent la solution globale. Les résultats obtenus, seront comparés à ceux obtenus par Desaltop (pour le même cas – données- de calcul), ce qui nous permet de bien identifier et mettre en évidence, les performances de ce dernier. Pour faire ce test, nous avons essayé sept points initiaux différents, dont les coordonnées sont montrées sur le tableau 1.

IV-2-2- SELECTION DU MODULE NAG CONVENABLE :

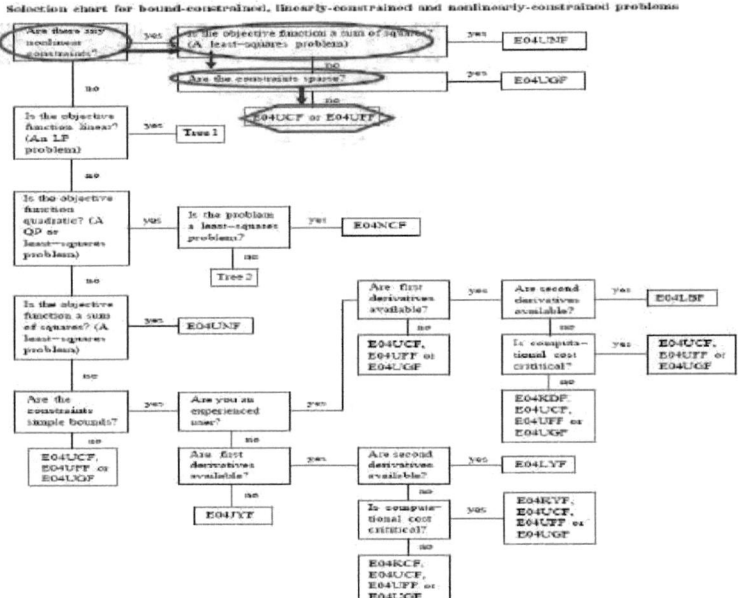

Figure 6: Méthodologie de choix d'un module NAF suivant le type de problème à optimiser.

IV-2-3-UNITES MODIFIEES A APPELER PAR LE MODULE NAG E04UCF:

```
SUBROUTINE DESIGN_IMPOSED1(k1,t20)
USE Variables
real*8 k1(9),t20
call parameco
CALL DONNEES
CALL DESACT_BOR_COND
pf(1)=k1(1);pf(2)=k1(2);pf(3)=k1(3);ye(1)=k1(4);ye(2)=k1(5);ye(3)=k1(6);
pr(1)=k1(7);pr(2)=k1(8);pr(3)=k1(9)
CALL CALCETAGE
t20=prf
return; end

SUBROUTINE DESIGN_IMPOSED2(k2,t30)
USE Variables
real*8 k2(9),t30
call parameco
CALL DONNEES
CALL DESACT_BOR_COND
pf(1)=k2(1);pf(2)=k2(2);pf(3)=k2(3);ye(1)=k2(4);ye(2)=k2(5);ye(3)=k2(6);
pr(1)=k2(7);pr(2)=k2(8);pr(3)=k2(9)
CALL CALCETAGE
t30=cpt
return; end
```

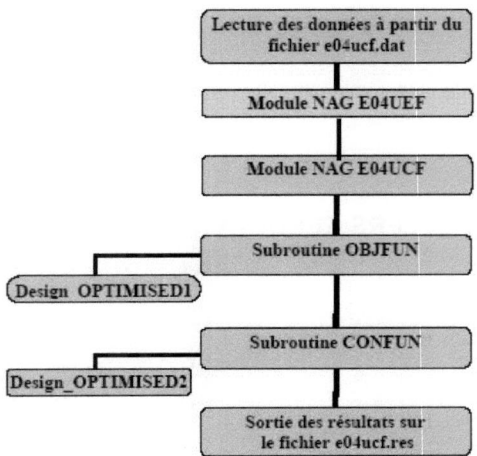

Figure 7: Organigramme du Subroutine NAG E04UCF Modifié

123

IV-2-4- DONNEES DE BASE :

DESALINATION PLANT : EL- HAMMA
CONTRY : Algeria
TYPE OF UTILISED MEMBRANES : Hollow fiber permeators

TECHNICAL DATA :
Overall capacity (m3/d) : 200 000.0000
Seawater TDS (ppm) : 37927.0000
Sewater temperature (°c) : 19.0000
Permeator flow in standar condtions (m3/d) : 60.0000
TDS guideline (ppm) : 500.0000
Sewater Boron concentration (ppm) :
Boron guideline (ppm) :

ECONOMIC DATA :
Membrane lifetime (year) : 5.0000
Plant lifetime (year) : 20.0000
Interest rate (%) : 0.0800
Power cost ($/KWh) : 0.6000
B10 permeator cost ($/permeator) : 9512.0000
B9 permeator cost ($/permeator) : 3500.4000
Efficiency of pumps (%) : 0.8000
Efficiency of turbines (%) : 0.8000
Number of operators : 15.0000
Average man-monthly salary ($) : 150.0000
Rate of indirect capital costs (%) : 0.1500
Plant laod factor (%) : 1.0000

IV-2-5- EXEMPLE DE FICHIERS DONNEES (Cas 1) :

```
CAS 1:
E04UCF Example Program Data
9   0   1                    :Values of N, NCLIN and NCNLN
800.0    350.0    350.0  0.0      0.0   0.0  0.0      0.0     0.0  0.0    :End of BL
1200.0   400.0    400.0  0.8      1.0   1.0  1.0      1.0     1.0  500.0 :End of BU
1200.0   350.0    0.0    0.33     0.72  0.0  0.99     0.74    0.0        :End of X
```

IV-2-6- EXEMPLE DE FICHIERS RESULTATS (Cas 1) :

```
E04UCF Example Program Results
Major iteration    2
===================
Maj  Mnr    Step Nfun  Merit Function Norm Gz  Violtn   Nz  Bnd  Lin  Nln Penalty  Cond H Cond Hz  Cond T Conv
2    2 8.8D-01  18  0.00000000D+00 0.0D+00 0.0D+00   5   4    0    0 0.0D+00 6.6D+01 6.6D+01 0.0D+00 T TT  C
Nonlinear objective value =    0.000000D+00   Norm of the nonlinear constraint violations =    0.000000D+00
Values of the constraints and their predicted status
----------------------------------------------------
Variables
1.199999D+03   0   3.500000D+02   1   3.500000D+02   1   7.517683D-01   0   7.200000D-01   0
0.000000D+00   1   9.348265D-01   0   7.400000D-01   0   0.000000D+00   1
Nonlinear constraints
0.000000D+00   0
```

IV-2-7- RESULTATS OBTENUS PAR DESALTOP :

```
****************************************************************************
                    PLANT OPTTIMAL DESIGN BY DESALTOP
                    TYPE DE GENERATEUR : heuristique
```

Prf ($/m3) =	0.3365;	Cpt (ppm) =	254.3171;	Cptb (ppm) =	0.0000
Qpt (m3/j) =	227079.9889;	yt (%) =	40.0000;	Crt (ppm) =	63042.1220
Nme (1) :modules=	4650;	Nme (2) :modules=	0;	Nme (3) :modules=	0
Pf (1) (KPa) =	8273.7122;	Pf (2) (KPa) =	0.0000;	Pf (3) (KPa) =	0.0000
ye (1) (%) =	40.0000;	ye (2) (%) =	0.0000;	ye (3) (%) =	0.0000
pr (1) (%) =	100.0000;	pr (2) (%) =	0.0000;	pr (3) (%) =	0.0000
Qp (1) (m3/j) =	48.8344;	Qp (2) (m3/j) =	0.0000;	Qp (3) (m3/j) =	0.0000
Qpe (1) (m3/j) =	227079.9889;	Qpe (2) (m3/j) =	0.0000;	Qpe (3) (m3/j) =	0.0000
Qre (1) (m3/j) =	340619.9834;	Qre (2) (m3/j) =	0.0000;	Qre (3) (m3/j) =	0.0000
Cp (1) (ppm) =	254.3171;	Cp (2) (ppm) =	0.0000;	Cp (3) (ppm) =	0.0000
Cr (1) (ppm) =	63042.1220;	Cr (2) (ppm) =	0.0000;	Cr (3) (ppm) =	0.0000

```
****************************************************************************

****************************************************************************
                    PLANT OPTTIMAL DESIGN BY DESALTOP
                    TYPE DE GENERATEUR : aléatoire
```

Prf ($/m3) =	0.3351;	Cpt (ppm) =	235.6278;	Cptb (ppm) =	0.0000
Qpt (m3/j) =	227079.4545;	yt (%) =	36.1900;	Crt (ppm) =	59303.7553
Nme (1) :modules=	4474;	Nme (2) :modules=	0;	Nme (3) :modules=	0
Pf (1) (KPa) =	8273.7122;	Pf (2) (KPa) =	0.0000;	Pf (3) (KPa) =	0.0000
ye (1) (%) =	36.1900;	ye (2) (%) =	0.0000;	ye (3) (%) =	0.0000
pr (1) (%) =	100.0000;	pr (2) (%) =	0.0000;	pr (3) (%) =	0.0000
Qp (1) (m3/j) =	50.7554;	Qp (2) (m3/j) =	0.0000;	Qp (3) (m3/j) =	0.0000
Qpe (1) (m3/j) =	227079.4545;	Qpe (2) (m3/j) =	0.0000;	Qpe (3) (m3/j) =	0.0000
Qre (1) (m3/j) =	400385.1890;	Qre (2) (m3/j) =	0.0000;	Qre (3) (m3/j) =	0.0000
Cp (1) (ppm) =	235.6278;	Cp (2) (ppm) =	0.0000;	Cp (3) (ppm) =	0.0000
Cr (1) (ppm) =	59303.7553;	Cr (2) (ppm) =	0.0000;	Cr (3) (ppm) =	0.0000

```
****************************************************************************
```

Tableau 1: valeurs des points initiaux de démarrage du module NAG E04UCF

	Pf(1):KPa	Pf(2):KPa	Pf(3):KPa	ye(1)	ye(2)	ye(3)	Pr(1)	Pr(2)	Pr(3)
Cas 1	8273,71	2413,17	0,00	0,33	0,72	0,00	0,99	0,74	0,00
Cas 2	8273,71	2757,90	0,00	0,30	0,70	0,00	0,30	0,00	0,00
Cas 3	8273,71	2585,53	0,00	0,30	0,70	0,00	0,30	0,00	0,00
Cas 4	8273,71	2661,38	0,00	0,30	0,70	0,00	0,30	0,00	0,00
Cas 5	8273,71	2757,90	0,00	0,30	0,70	0,00	0,30	0,00	0,00
Cas 6	6205,28	2757,90	0,00	0,30	0,70	0,00	0,30	0,00	0,00
Cas 7	6205,28	2757,90	2757,90	0,10	0,70	0,70	0,80	0,80	0,80
Cas 8	6205,28	2757,90	2757,90	0,50	0,50	0,50	0,50	0,50	0,50
Cas 9	6205,28	2413,17	2413,17	0,60	0,20	0,20	0,30	0,30	0,30
Solution Desaltop	8273,71	0,00	0,00	0,40	0,00	0,00	1,00	0,00	0,00

IV-2-8- RESULTATS OBTENUS PAR NAG E04UCF :

Les différents résultats de calcul par NAG E04UCF, ainsi que les fichiers de données sont présentés en annexe 3; un récapitulatif est montré par le tableau 2.

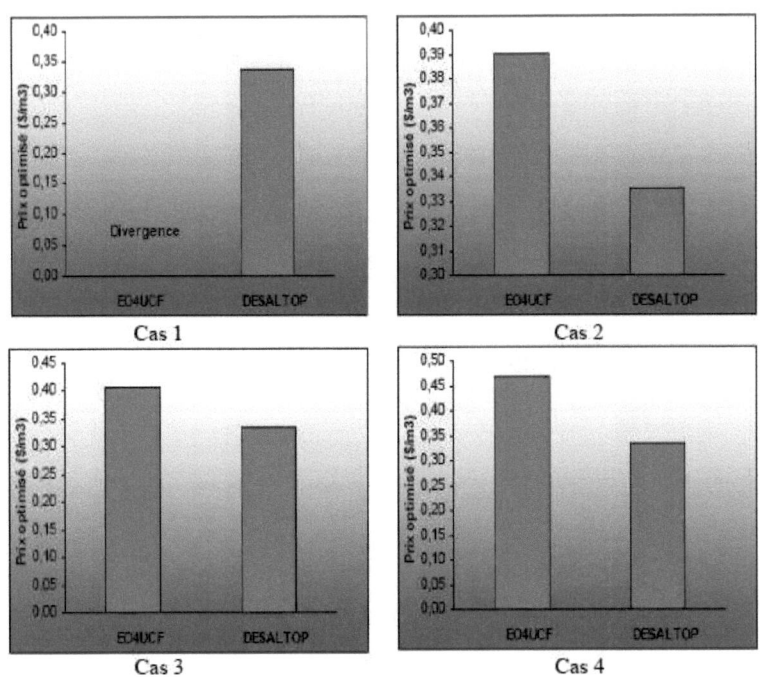

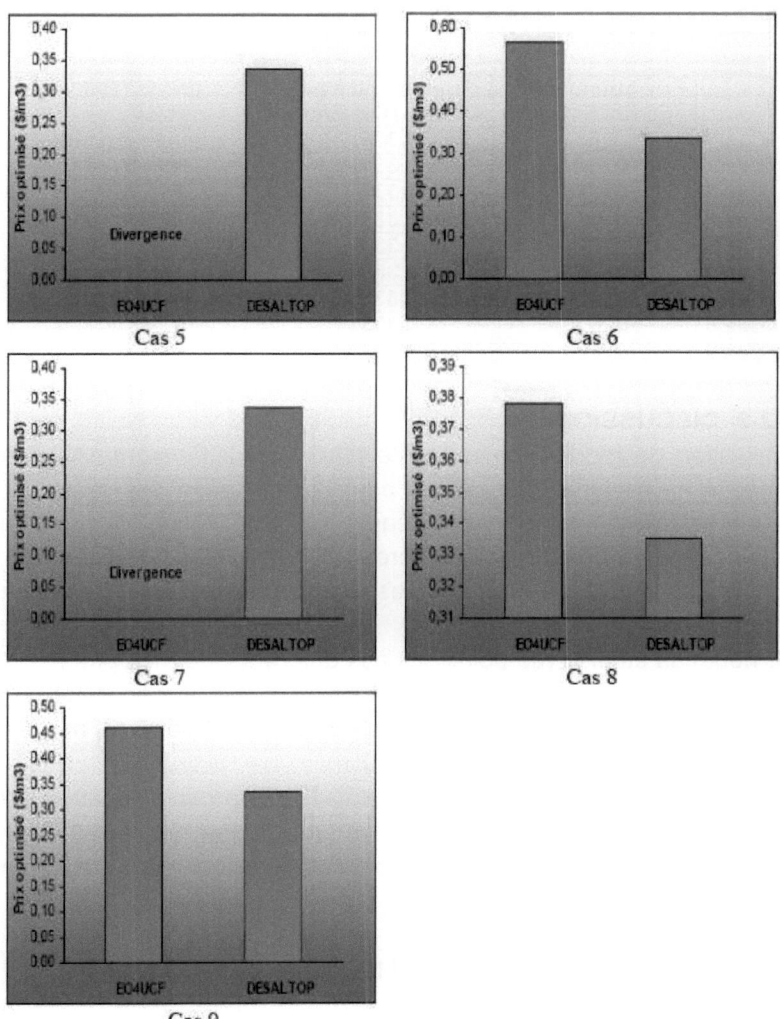

Figure 8: Comparaison entre prix optimisés par DESALTOP et E04UCF pour des points différents de démarrage (cas 1 à 9)

Tableau 2: Récapitulation des résultats obtenus par DESALTOP et NAG E04UCF

	Prix optimisé par E04UCF ($/m^3)	Prix optimisé par DESALTOP ($/m^3)	Divergence relative (%)
Cas 1	0	0,3351	divergence absolue
Cas 2	0,3904	0,3351	16,50
Cas 3	0,4067	0,3351	21,37
Cas 4	0,4698	0,3351	40,20
Cas 5	0	0,3351	divergence absolue
Cas 6	0,5673	0,3351	69,29
Cas 7	0	0,3351	divergence absolue
Cas 8	0,3783	0,3351	12,89
Cas 9	0,4602	0,3351	37,33

IV-2-9- DISCUSSION:

L'utilisation du modèle déterministe NAG E04UCF, montre la non efficacité de ce type de modèles pour l'optimisation des systèmes de dessalement, vu la non linéarité de la fonction objectif, la présence de contraintes non linéaires (02 contraintes non linéaires), le nombre important de variables (09 variables) et le nombre important de contraintes linéaires.

Sur neuf cas étudiés (09 points initiaux différents, donnés proche de la solution), nous avons enregistré trois cas de divergence totale : un cas sur trois, voire figures 8-cas1, 8-cas5 et 8-cas7 (le modèle NAG n'a pu donner aucun résultat).

Lorsque il y a pas de divergence totale, la divergence relative est supérieure à 12,5% dans tous les cas (voir figures 8-cas2, 8-cas3, 8-cas4, 8-cas6, 8-cas8 et   8-cas9), et elle peut atteindre 70% pour certains cas (voir figure 8-cas6).

IV-3- ETUDE DE VALIDATION DU MODELE DESALTOP :
IV-3-1- METHODFOLOGIE :

Pour l'étude de validation, nous avons testé, étudié et comparé vingt usines de dessalement, se trouvant dans les différentes régions du monde, de tailles allons de 2000 à 500 000 m^3/j, où les salinités de l'eau à dessaler sont très variées: de 24 500 à 44 885 ppm, et à températures moyennes allons de 18 à 30 °C, à limites imposées sur la salinité totale du produit variable allant de 100 à 500 ppm, à une ou deux contraintes non linéaires (salinité totale et concentration de Bore), de durées de vie très différentes (15 à 40 ans). Les usines sélectionnées sont tous conçues pour dessaler l'eau de mer par membranes à fibres creuses. La liste des usines ainsi que leurs capacités sont données par le tableau 3.

Parmi les exemples que nous avons étudiés, il y a sept usines existantes dont six en fonctionnement, trois en phase d'étude (parmi lesquelles, la plus grande future usine de dessalement à plus de 500 000 m³/j : la station RO-HTR300 en Chine), et dix études théoriques d'optimisation où les méthodes utilisées sont diverses aussi : méthodes déterministes, méthodes à gradient, analyse de scénarios. Les paramètres économiques utilisés sont très diversifiés aussi (taux d'intérêt, prix de l'énergie, prix des membranes, rendement des pompes et des turbines, salaires et nombre de salariés, coefficient d'utilisation de l'usine, etc.

Le travail consiste à préparer les fichiers de données de chaque usine comprenant tous les paramètres technico-économiques ainsi que les notifications (suivant le format prédéfini du fichier desaltop.dat), effectuer les calculs d'optimisation sous Desaltop (après choix du générateur et des paramètres génétiques), comparer les résultats d'optimisations avec l'état indiqué de la station (spécialement : prix unitaire de l'eau dessalée (principalement), conception (schéma de montage), et paramètres de fonctionnement. Nous allons marquer aussi, pour chaque cas, s'il y a lieu, la cause de l'avantage de l'optimisation par Desaltop (généralement soit à cause de bon choix de la conception -schéma-, soit au bon choix de paramètres de fonctionnement, ou bien les deux à la fois).

En cas de manque de données, nous essayons de prendre des données généralisées, qui sont celle utilisées dans le calcul de l'usine Cap Djannet (Algérie) [Metaiche M. et Al. 2005].

Vu les différences et les considérations prises en compte par les différents modèles de calcul économiques, nous avons effectué un deuxième type de calcul concernant l'évaluation du prix de revient suivant notre modèle économique mais pour les mêmes paramètres technico-économiques et les mêmes valeurs des paramètres de fonctionnement indiqués pour l'usine considérée. Cela nous permet de bien évaluer les performances du Desaltop et de mieux déterminer sa validité.

Tableau 3 : illustrations des usines de dessalement à étudier

N°	Usine	Capacité (m³/j)
1	Tampa,FL,USA [Wilf M. et Al. 2001]	94 000
2	Marbella,Spain[Polasek V. et Al. 2003]	56 400
3	KFNB,A.S [Polasek V. et Al. 2003]	7 575
4	Larnaca, Cyprus [Wilf M. et Al. 2001]	40 000
5	Tajura, Libya [El-Azizi I.M. et Al. 2002]	38 000
6	Eilat1: Israel [Wilf M. et Al. 2001]	20 000
7	RO-HTR300,China [Tian Li et Al. 2003]	50 4000
8	C.Djannat,Algeria [Metaiche M. et Al. 2005]	4 000
9	Kuwait [Al-Zubaidi A.A.J. 1989]	4 546
10	Israel [Glueckstern P. et Al. 1998]	38 750
11	Eilat2,Israel [Wilf M. et Al. 2001]	20 000
12	Singapore 1 [Malek A. et Al. 1996]	4 500
13	Singapore 2 [Malek A. et Al. 1996]	4 500
14	Argentina 1 [Marcovecchio M.G. et Al. 2005]	2 000
15	Argentina 2 [Marcovecchio M.G. et Al. 2005]	2 000
16	Argentina 3 [Marcovecchio M.G. et Al. 2005]	2 000
17	Argentina 4 [Marcovecchio M.G. et Al. 2005]	2 000
18	Argentina 5 [Marcovecchio M.G. et Al. 2005]	2 000
19	Argentina 6 [Marcovecchio M.G. et Al. 2005]	2 000
20	Argentina 7 [Marcovecchio M.G. et Al. 2005]	2 000

IV-3-2- EXEMPLE DE FICHIERS DE DONNEES :

DESALINATION PLANT :Tampa
CONTRY : FL,USA
NOTIFICATION :2002, Hydranautics study,USA (reduction of chlorure concentration :<100 ppm)
SOURCE :Mark Wilf and Kenneth Klinko, Desalination 138(2001) 299-306
USED METHOD : existing plant
CONFIGURATION: double pass
TYPE OF UTILISED MEMBRANES : Hollow fiber permeators

TECHNICAL DATA :
Overall capacity (m3/d) : 94000.0000
Seawater TDS (ppm) : 24500.0000
Sewater temperature (°c) :   23.0000
Permeator flow in standar condtions (m3/d) :   49.2500
TDS guideline (ppm) :   100.0000
Sewater Boron concentration (ppm) :
Boron guideline (ppm) :

ECONOMIC DATA :
Membrane lifetime (year) :   5.0000
Plant lifetime (year) :   20.0000
Interest rate (%) :   0.0800
Power cost ($/KWh) :   0.0600
B10 permeator cost ($/permeator) :
B9 permeator cost ($/permeator) :
Efficiency of pumps (%) :   0.7800
Efficiency of turbines (%) :   0.7800
Number of operators :
Average man-monthly salary ($) :
Rate of indirect capital costs (%) :   0.2000
Plant laod factor (%) :
Operating pressure (KPa) :
Overall recovery (%) :   0.5000
Unit water cost ($/m3) :   0.5500
Poduct water TDS (ppm) :
Boron concentration in product water (ppm) :

IV-3-3- EXEMPLE DE FICHIERS DE RESULTAT :

```
********************************************************************
                PLANT PERFORMANCES : ONE STAGE DESIGN
                     SIMULATION BY "DESALTOP"
```

Prf($/m3)=	0.3432;	Opt(ppm)=	144.6442;	Optb(ppm)=	0.0000
Qpt(m3/j)=	94008.6851;	yt(%)=	50.0000;	Crt(ppm)=	48855.3558
Nme(1):modules=	1773;	Nme(2):modules=	0;	Nme(3):modules=	0
Pf(1)(KPa)=	8274.0000;	Pf(2)(KPa)=	0.0000;	Pf(3)(KPa)=	0.0000
ye(1)(%)=	50.0000;	ye(2)(%)=	0.0000;	ye(3)(%)=	0.0000
pr(1)(%)=	100.0000;	pr(2)(%)=	0.0000;	pr(3)(%)=	0.0000
Qp(1)(m3/j)=	53.0224;	Qp(2)(m3/j)=	0.0000;	Qp(3)(m3/j)=	0.0000
Qpe(1)(m3/j)=	94008.6851;	Qpe(2)(m3/j)=	0.0000;	Qpe(3)(m3/j)=	0.0000
Qre(1)(m3/j)=	94008.6851;	Qre(2)(m3/j)=	0.0000;	Qre(3)(m3/j)=	0.0000
Cp(1)(ppm)=	144.6442;	Cp(2)(ppm)=	0.0000;	Cp(3)(ppm)=	0.0000
Cr(1)(ppm)=	48855.3558;	Cr(2)(ppm)=	0.0000;	Cr(3)(ppm)=	0.0000

```
********************************************************************
```

```
********************************************************************
                PLANT OPTTIMAL DESIGN BY DESALTOP
```

Prf($/m3)=	0.3636;	Opt(ppm)=	99.9486;	Optb(ppm)=	0.0000
Qpt(m3/j)=	93989.8137;	yt(%)=	30.6040;	Crt(ppm)=	35260.5449
Nme(1):modules=	1607;	Nme(2):modules=	144;	Nme(3):modules=	34
Pf(1)(KPa)=	8266.8174;	Pf(2)(KPa)=	2757.9041;	Pf(3)(KPa)=	2751.0093
ye(1)(%)=	30.7100;	ye(2)(%)=	76.2900;	ye(3)(%)=	79.2300
pr(1)(%)=	92.1300;	pr(2)(%)=	6.9100;	pr(3)(%)=	1.9700
Qp(1)(m3/j)=	58.6903;	Qp(2)(m3/j)=	39.3882;	Qp(3)(m3/j)=	38.1653
Qpe(1)(m3/j)=	94315.3921;	Qpe(2)(m3/j)=	5671.9061;	Qpe(3)(m3/j)=	1297.6197
Qre(1)(m3/j)=	212800.8309;	Qre(2)(m3/j)=	1750.7153;	Qre(3)(m3/j)=	332.1212
Cp(1)(ppm)=	106.5208;	Cp(2)(ppm)=	6.2246;	Cp(3)(ppm)=	29.0106
Cr(1)(ppm)=	35311.4265;	Cr(2)(ppm)=	431.4569;	Cr(3)(ppm)=	2003.8419

```
********************************************************************
```

Les différents résultats de calcul pour l'ensemble des usines, ainsi que les fichiers de données, sont présentés en annexe 4. Un récapitulatif est montré également sur le tableau 4.

Tableau 4 : synthèse de l'optimisation par DESATOP des différentes usines de dessalement dans plusieurs pays du monde

Usine	État de l'usine	Prix indiqué ($/m³)	Prix Optimisé ($/m³)	Gain de l'optimisa.	Conception indiquée	Conception optimisée	Conversion indiquée	Conversion optimisée	Pression indiquée KPa	Pression indiquée KPa	Niveau de l'optimis.
Tampa,FL,USA	Existante	0,55	0,3809	30,75%	2 étages	3 étages					CO
Marbella,Spain	Existante	0,4733*	0,3778	20,18%	1	1	0,45	0,4	6850.0	8273.7	CP
KFNB,AS	Existante	0,6433*	0,4836	24,83%	1WER	1	0,35	0,4	6200.0	8273.7	CO-CP
Larnaca, Cyprus	Existante	0,83	0,4474	46,10%	2	1					CO
Tajura, Libya	Existante	0,5793*	0,4593	20,71%	2	3					CO
Eilat1: Israel	Existante	0,72	0,4474	37,86%	1	1	0,5	0,4	-	8273.7	CP
RO-HTR300,China	US	0,42	0,2215	47,26%	1	1	-	0,4	-	8273.7	CP
C.Djannat,Algeria	MG	0,5141	0,5138	0,06%	1	1	0,425	0,426	8274.0	8273.7	CO
- Kuwait	OSA	2,121	1,0609	49,98%	4	3					CO
- Israel	OSA	0,4117*	0,3081	25,16%	1	1	0,5	0,4	6930.0	8273.7	CP
Eilat2,Israel	US	0,81	0,4864	39,95%	1	1	0,45	0,4		8273.7	CP
- Singapore 1	OSA	1,407	1,1322	19,53%	1	1	0,32	0,4	6205.0	8273.7	CP
- Singapore 2	OSA	1,383	1,132	18,15%	2	1					CO
- Argentina 1	DM	0,9095	0,3953	56,54%	2	1					CO
- Argentina 2	DM	0,8695	0,3966	54,39%	2	1					CO
- Argentina 3	DM	0,8313	0,3959	52,38%	2	1					CO
- Argentina 4	DM	0,9095	0,3979	56,25%	2	1					CO
- Argentina 5	DM	0,9536	0,3985	58,21%	2	1					CO
- Argentina 6	DM	1,0108	0,4005	60,38%	2	1					CO
- Argentina 7	DM	1,0028	0,3992	60,19%	2	1					CO

Indications:

* : prix recalculé par DESALTOP   OSA : étude optimisée par analyse de scénarios   CO : conception optimisée

US : usine en état d'étude   DM : étude optimisée par modèle déterministe   CP : paramètres de fonctionnement optimisés.

MG : étude optimisée par méthode de gradient   WER : sans récupération de l'énergie   Les conversions et les pressions ne sont
    à pas variable relaxe sur programme excel   que pour les systèmes à un seul étage.   données

IV-3-4- DEMONSTRATION DES PERFORMANCES DE DESALTOP :

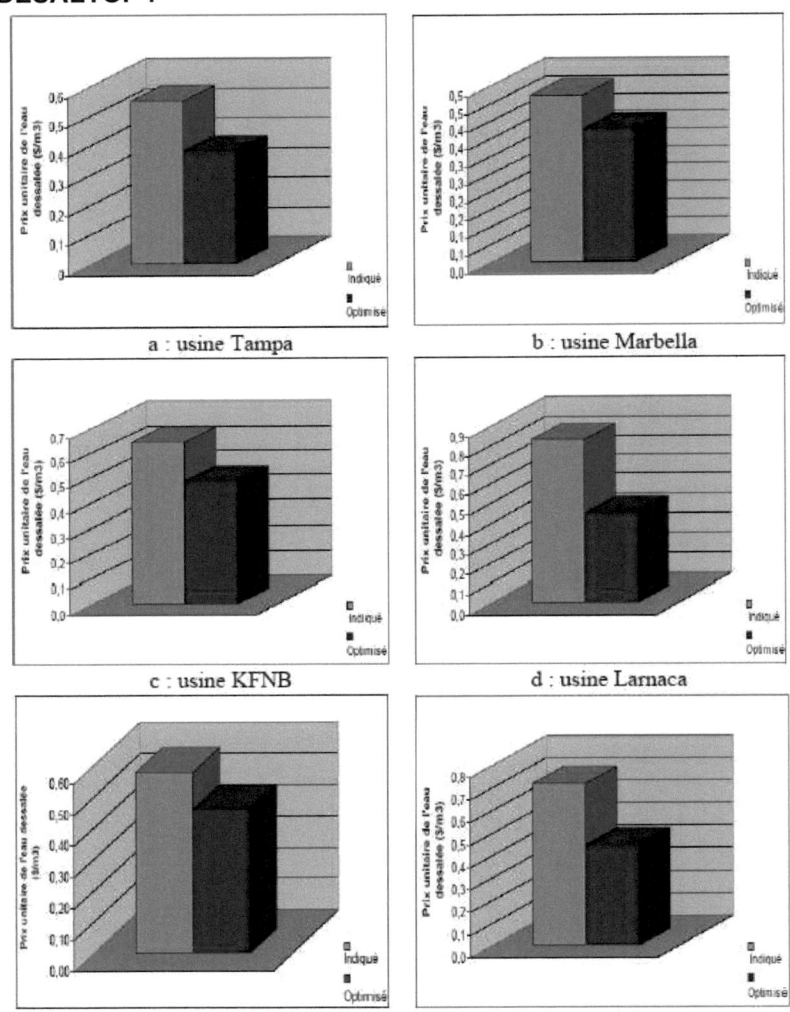

a : usine Tampa

b : usine Marbella

c : usine KFNB

d : usine Larnaca

e : usine Tajura

f : usine Eilat 1

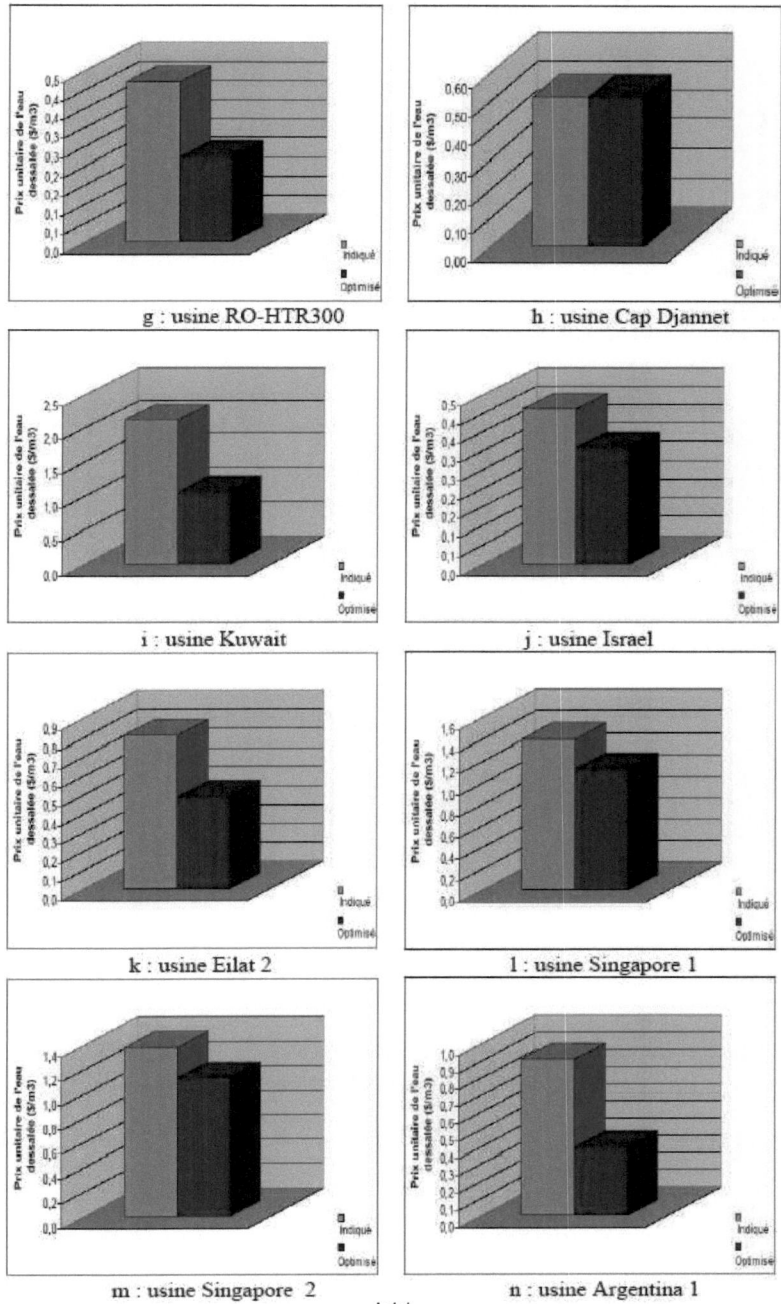

g : usine RO-HTR300

h : usine Cap Djannet

i : usine Kuwait

j : usine Israel

k : usine Eilat 2

1 : usine Singapore 1

m : usine Singapore 2

n : usine Argentina 1

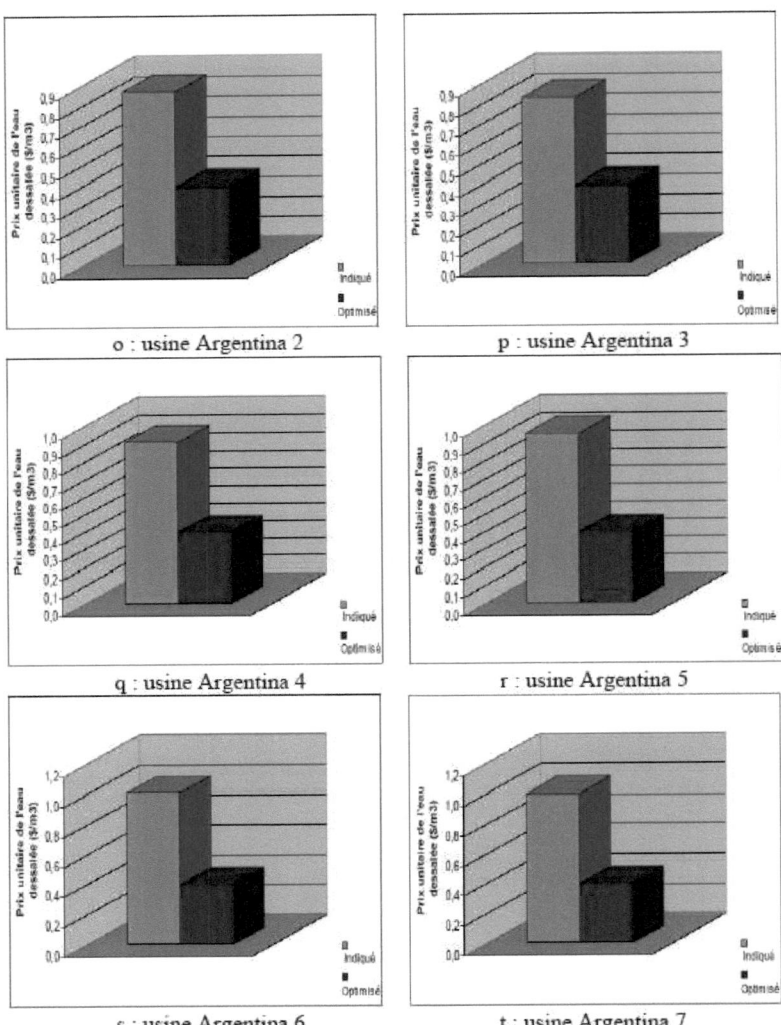

o : usine Argentina 2 p : usine Argentina 3

q : usine Argentina 4 r : usine Argentina 5

s : usine Argentina 6 t : usine Argentina 7

Figure 9: Comparaison entre prix d l'eau dessalée, indiqué et optimisé par Desaltop pour les différentes usines étudiées.

136

Conception indiquée	Conception optimisée
Usine: Tampa,FL,USA	
Usine: Marbella,Spain	
Usine: KFNB, Saudi Arabia	

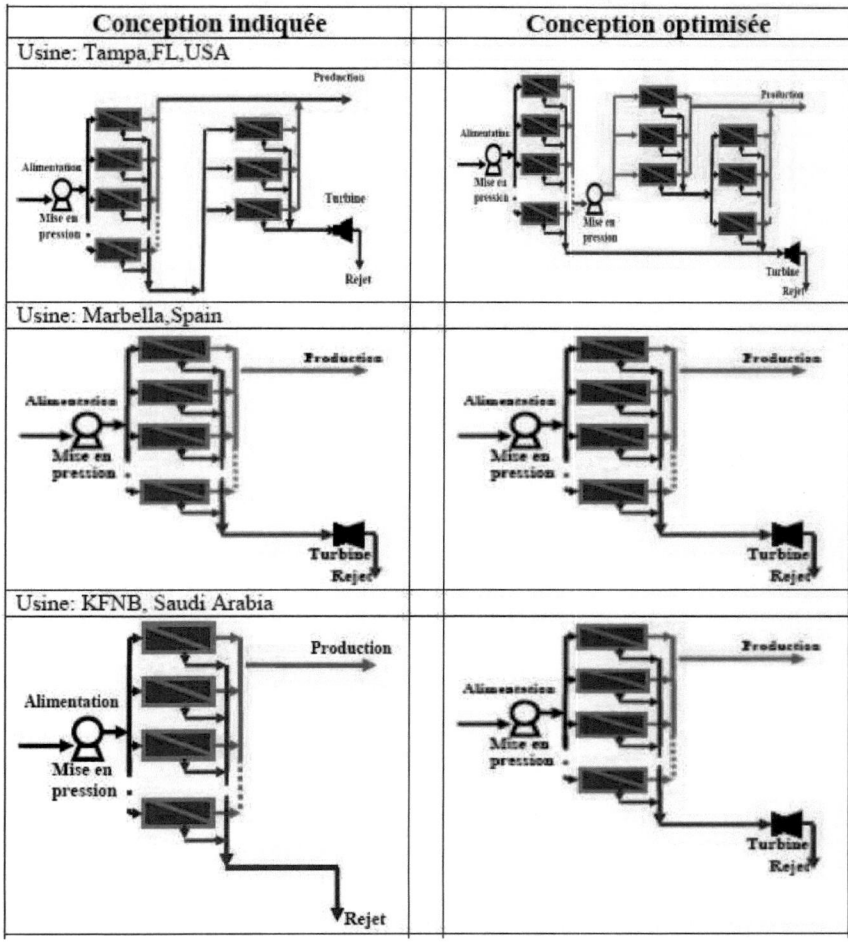

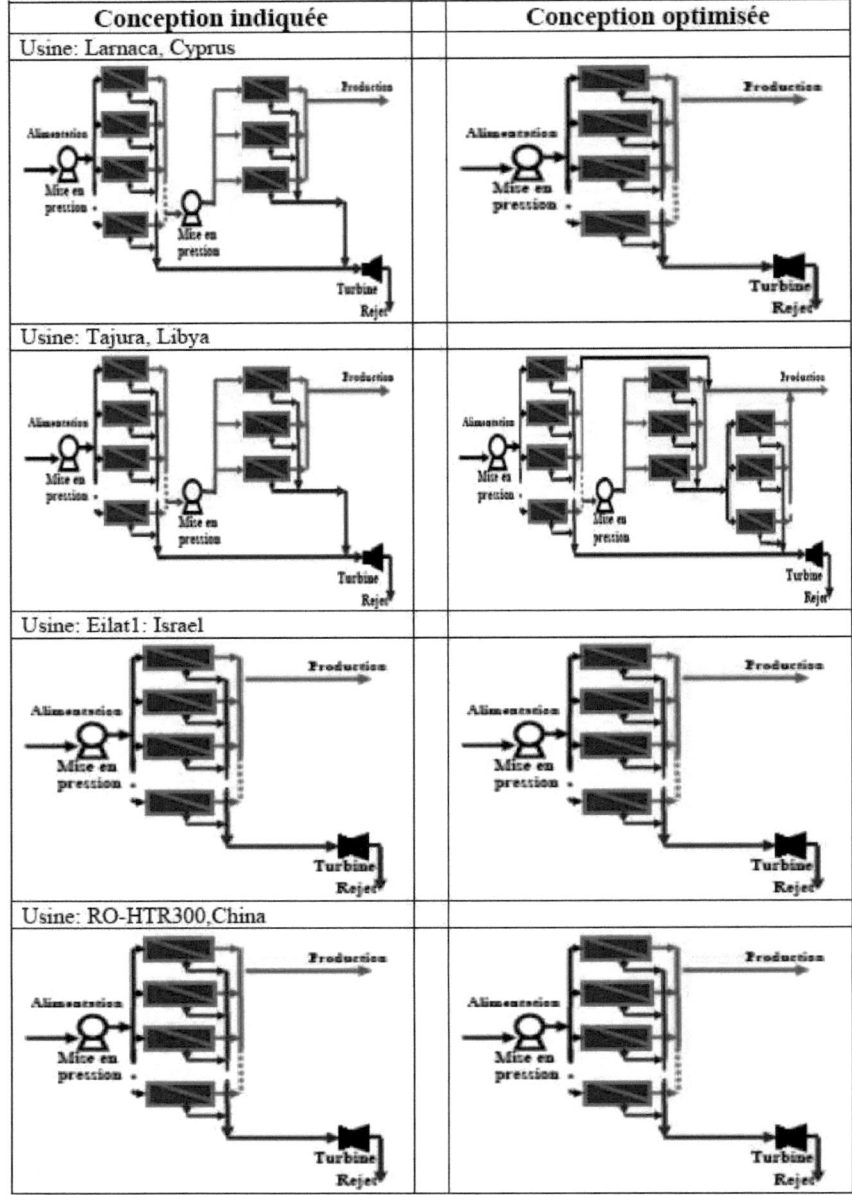

Conception indiquée	Conception optimisée
Usine: Larnaca, Cyprus	
Usine: Tajura, Libya	
Usine: Eilat1 : Israel	
Usine: RO-HTR300,China	

Conception indiquée	Conception optimisée
Usine: Cap Djannat,Algeria	

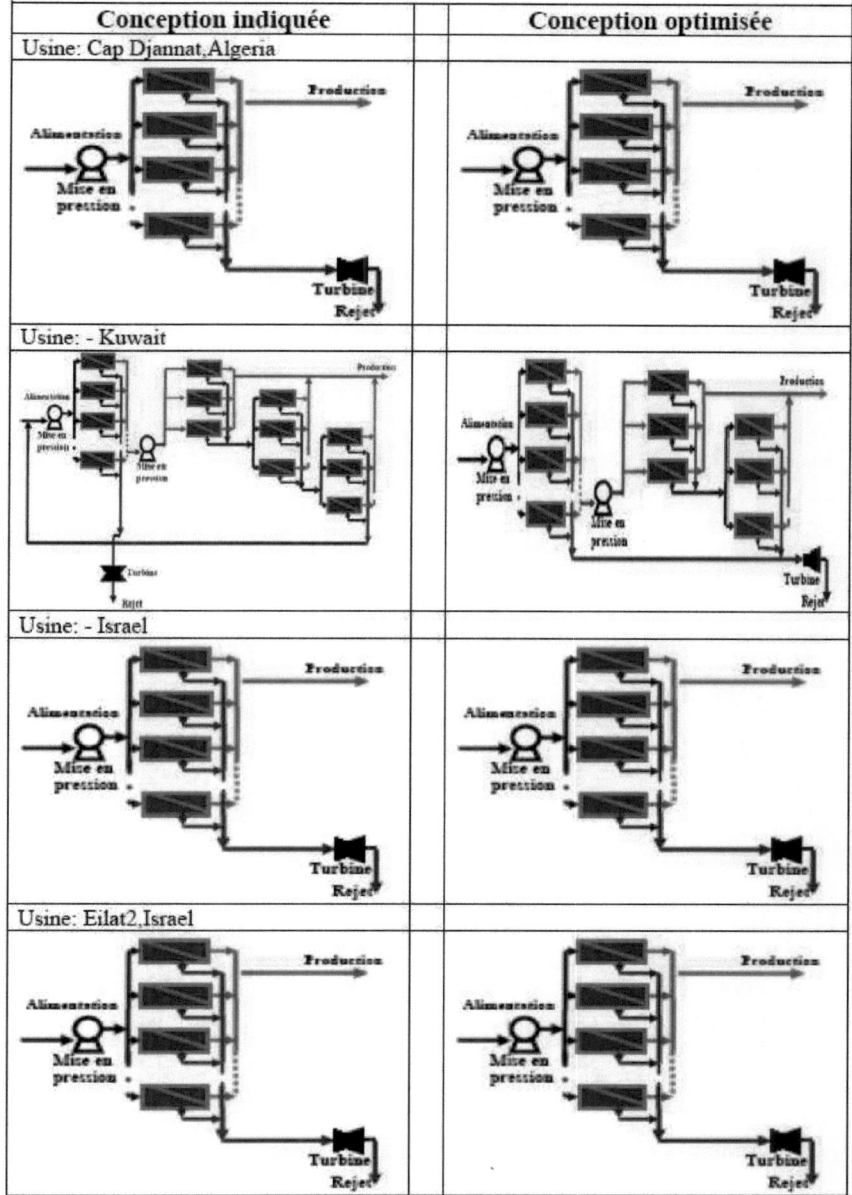

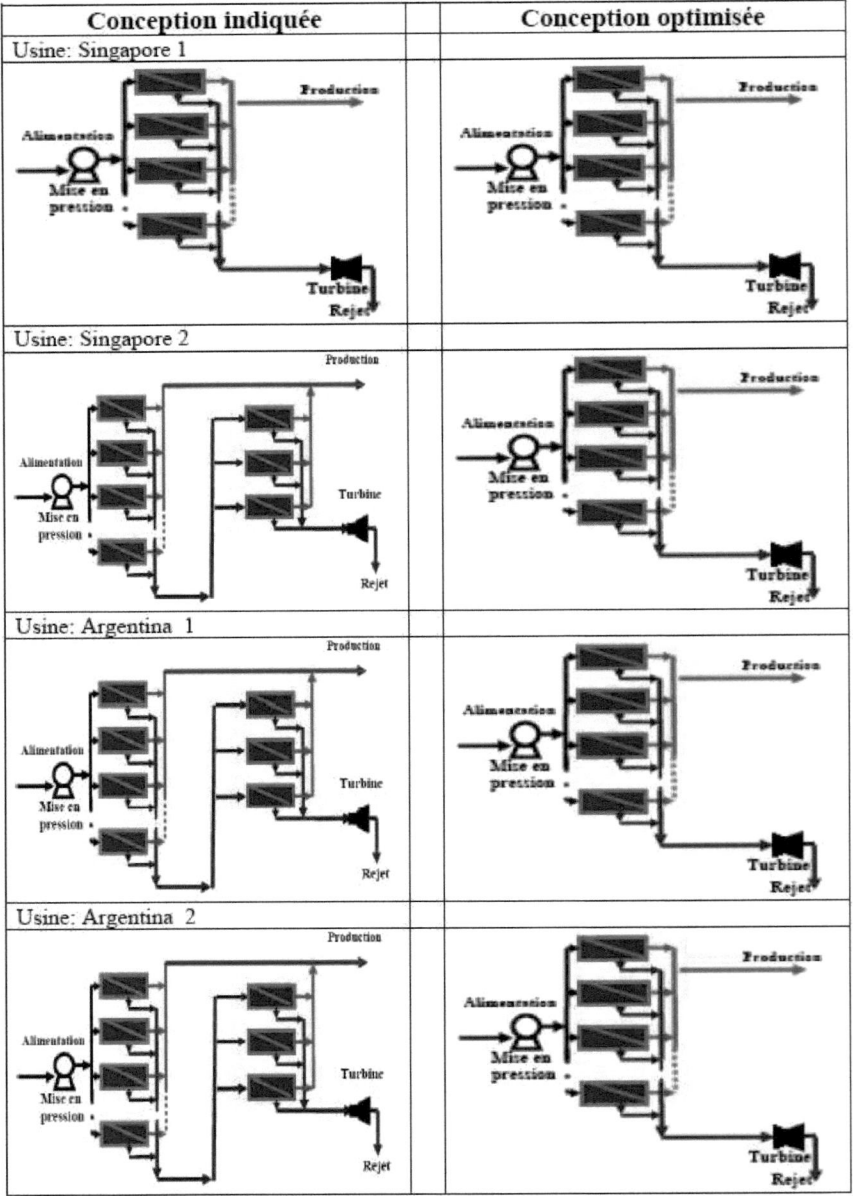

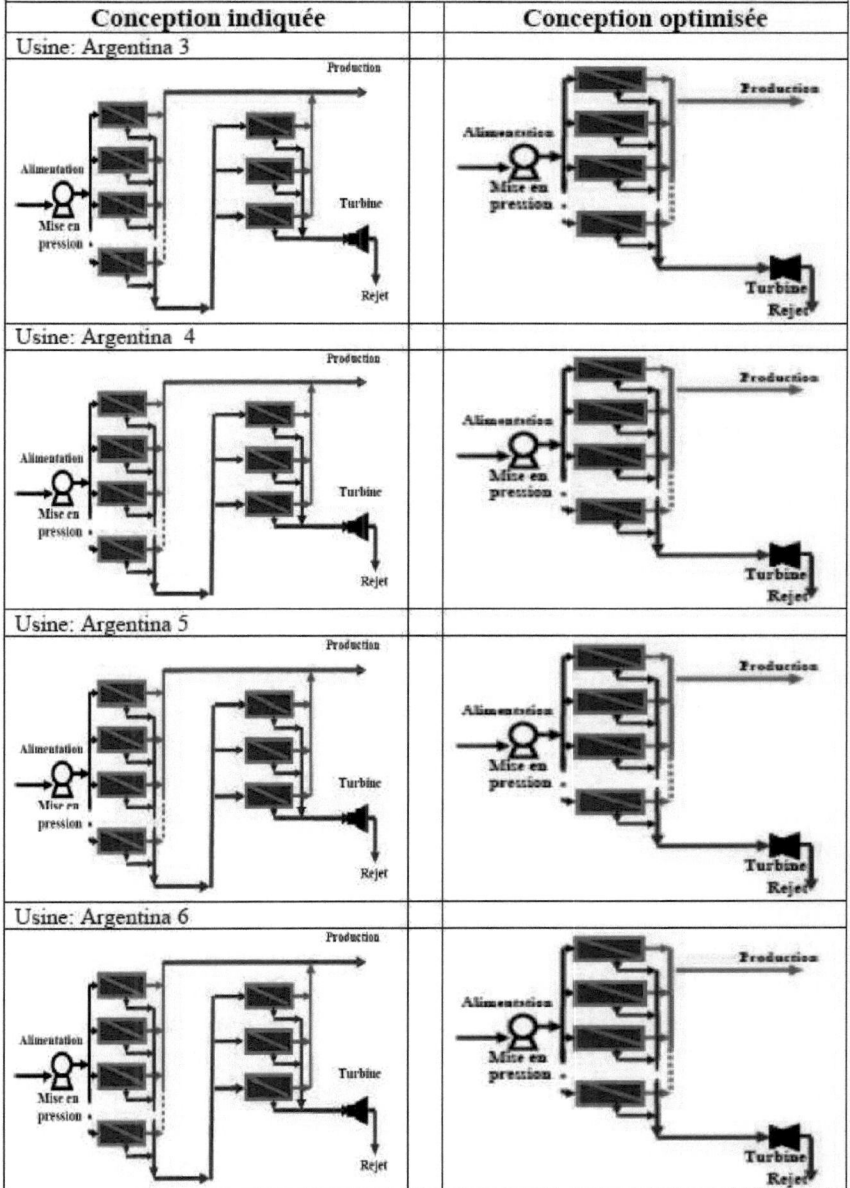

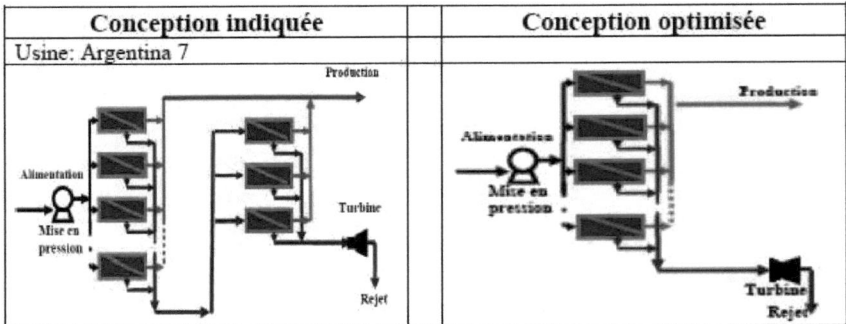

Conception indiquée	Conception optimisée
Usine: Argentina 7	

Figure 10: Comparaison entre conceptions indiquée et optimisée par Desaltop des différentes usines étudiées.

IV-3-5- DISCUSSION :

Le pouvoir du modèle DESALTOP à contribuer à améliorer le fonctionnement, et à optimiser les coûts des usines de dessalement est bien évident. Il peut réduire le prix unitaire de l'eau dessalée jusqu'à plus de 60% (voir figures 9-s et 9-t). Dans tous les cas, les gains sont supérieurs à 18%, voire figures 9-a à 9-g et 9-i à 9-r (à l'exception de l'usine de Cap Djannet (voir figure 9-h), qui est d'une faible capacité, où la méthode utilisé est très spéciale – gradient à pas variable pour bien prospecter l'espace de recherche- et vu la conception simplifiée, ce qui réduit le nombre de variables de décision à deux).

Pour les cas où les données sont complètement précisées (cas 9 : Kuwait), l'efficacité de DESALTOP, est très bien démontrée : pouvoir de réduire le prix unitaire à environ 50%, voir figure 9-i.

La modélisation conceptuelle (schémas sélectionnés) est aussi bien faite et fondée. De ce fait, les conceptions à deux étages en série rejet, sont évidement non économiques (cas 14 à 20) : aucun cas de ce type n'a prouvé son utilité, voir figures 10: cas Argentina 1 à 7. De même pour les conceptions à quatre étages (voir figures 10 : cas Kuwait).

Parmi les vingt cas étudiés, l'optimisation par DESALTOP, a montré que les conceptions de treize usines ont été mal faites (conceptions défaillantes). Pour les sept cas restants, l'élévation du prix unitaire de l'eau dessalée, ne du pas à la conception, mais aux choix incorrects des paramètres de fonctionnement.

La réévaluation de calcul des prix, par le module Design_imposed, montre bien que, les performances du modèle (code) DESALTOP, sont évidentes, et qu'ils ne dépendent pas des modèles économiques adaptés, mais sont liées réellement à la façon avec laquelle, l'algorithme génétique cherche la solution dans deux espaces superposés : l'un celui des variables de décision limité par les contraintes linéaires et non linéaires, et l'autre celui des conceptions possibles.

CONCLUSION GENERALE

Une modélisation des installations d'osmose inverse, pour le dessalement de l'eau de mer a été faite, basée essentiellement sur la modélisation de l'écoulement et des transferts, et la modélisation conceptuelle.

La modélisation de l'écoulement et des transferts comprend le modèle de Kimura- Sourirajan, le modèle de Van't Hoff, le modèle de la théorie de film, celui du coefficient de transfert de masse, les équations de continuité et les modèles de perte de pression.

La modélisation conceptuelle est faite sur critères d'utilité et d'efficacité, qui nous a permet de sélectionner treize conceptions différentes des systèmes de dessalement par osmose inverse, permettant l'organisation de la disposition des étages, de pass, de bypassing et de mélanges. L'objectif est de dessaler l'eau de mer pour produire de l'eau à une qualité imposée (salinité totale), à coût optimal, en exploitant toute variante possible.

Vu l'effet nocif sur la santé, du Bore, et les limites d'efficacité des membranes pour l'éliminer, un modèle de passage de Bore est introduit, pour permettre de concevoir des systèmes d'osmose inverse plus efficaces en ce sens, ce qui permet de réduire les coûts de prétraitement.

Une modélisation des coûts est adaptée, basée sur les coûts d'investissement direct et indirect, le modèle d'amortissement, les coûts d'exploitation, le taux d'intérêt, la durée de vie des membranes et de l'installation, coefficient d'utilisation, le prix de l'énergie et des membranes, la taille de l'installation, et les rendements des systèmes énergétiques.

Un modèle mathématique d'optimisation est mis en oeuvre, basé sur la définition de la fonction objectif (coût total de dessalement), définition des variables de décision (neuf variables : pression, conversion, et bypassing et mélange sur chaque étage), et la détermination de l'ensemble des contraintes qui sont de trois types : contraintes de limitation de l'espace de recherche (domaines des solutions réalisables) : dix-huit contraintes, contraintes non linéaires (deux contraintes : salinité totale, et Bore), et contraintes de codage (dix contraintes).

Un algorithme génétique est bien préparé, composé essentiellement de deux générateurs de la population initiale (un générateur aléatoire et un autre heuristique), quatre opérateurs génétiques (opérateurs de croisement, de mutation, de sélection et de scaling), et quatre mécanismes (de codage, d'adaptation, de chasse, et d'arrêt).

La puissance et l'efficacité de cet algorithme génétique, proviennent du choix des paramètres génétiques des différentes composantes, en effet, une combinaison de deux générateurs est choisie pour améliorer la convergence.

Un codage binaire simple sans concaténation est adopté pour : créer le champs de travail des différents opérateurs génétiques, créer la richesse souhaitée et éviter la complexité résultat de l'ajout d'un double codage- décodage (Grine, concaténation), ce qui a simplifié le travail.

Une sélection par la roue biaisée de Goldberg est introduite, pour améliorer les générations au fil d'évolution. Un nombre de 50 à 60 populations à évoluer inter générations, est jugé suffisant pour la convergence.

Le croisement est effectué à une probabilité de 90%, avec des coupes en deux points par gène, pour mieux favoriser l'opérateur à créer la diversité.

La mutation est effectuée à une probabilité de 10% sur le chromosome principal, et une probabilité égale à 1/longueur du gène à l'échelle de gène, pour rendre la mission de l'exploration de l'espace de recherche, plus efficace.

La notion du nombre de génération supplémentaire, introduite dans le mécanisme d'arrêt, a été efficace pour le double objectif : améliorer la convergence et réduire le temps de calcul.

Un scaling exponentiel avec un coefficient égal à cinq, a été jugé très indispensable à la convergence, en modifiant le travail de la roulette de Goldberg, pour mieux sélectionner les individus paraissant nécessaires à la bonne évolution.

Un code d'optimisation –DESALTOP- a été développé pour permettre de bien concevoir les installations d'osmose inverse, dont le but est d'avoir la qualité exigée de l'eau dessalée, à un coût optimal (le plus réduit possible). Ce code qu'est constitué de trente neuf modules, permet de choisir la bonne conception et les paramètres convenables de fonctionnement, en respectant les différentes contraintes techniques et économiques. Il peut permettre aussi de bien choisir le type de la membrane convenable. En plus de l'optimisation, le code Desaltop est capable aussi de calculer des installations à conceptions et paramètres de fonctionnement imposés, de calculer le prix unitaire de l'eau dessalée, et les différents éléments de coût, ce qui lui attribue la qualité d'un élément de planification des moyens financiers liés au dessalement de l'eau de mer.

Une étude de fiabilité et de validation a été menée, qui a démontré l'efficacité de DESALTOP. Cette étude est composée de deux phases : la comparaison à l'optimisation par modèle déterministe, et l'étude de fiabilité sur vint exemples, d'installations de dessalement par membranes en fibres creuses, existantes dans plusieurs pays du monde.

Pour un sur trois des cas d'études sur modèle déterministe, le module NAG E04UCF, a montré sa divergence totale. Ce modèle ne converge en aucun cas vers les solutions obtenues par Desaltop. Cette limite d'efficacité des modèles déterministes peut être expliquée par le nombre important de variables de décision, la non linéarité des fonction objectif et contraintes à la fois, et la double contraintes non linéaires, ce qui rend le piégeages inévitable, tandis que Desaltop, se débarrasse des pièges liées aux optimums locaux à l'aide de l'opérateur puissant de l'exploration de l'espace.

Sur les six usines de dessalement existant, Desaltop a prouvé son efficacité, et a montré qu'elles sont tous non optimisées, et que l'utilisation de Desaltop peut engendrer des réductions des coûts unitaires de l'eau dessalée, entre 18 et 60%, surtout lorsqu'il s'agit de produire une eau de qualité plus améliorée (salinité inférieure à 500 ppm), ou avec limitation de passage de Bore.

La puissance du modèle Desaltop, est due à deux éléments principaux :

- la modélisation conceptuelle fondée et introduit, montrant que la plupart des usines sont males conçues, et que certaines configurations n'ont pas été utiles.

- et l'algorithme génétique mis en ouvre, qui permet de chercher efficacement la meilleur solution, malgré les non linéarités, et l'importance du nombre de variables et de contraintes.

REFRENCES BIBLIOGRAPHIQUES

- Al-Bastaki Nader M. and Abbas Abderrahim, Modeling an industrial reverse osmosis unit, Desalination 126 (1999) 33-39.
- Al-Zahrani E.S., Soliman M.A. and Al-Mutaz I. S., An approximate analytical solution for the performance of reverse osmosis plants, Desalination, 75 (1989) 15-24.
- Al-Mutaz I.S., Soliman M.A. and Daghthem A.M., Optimum Design for a Hybrid Desalting Plant, Desalination 76(1989) 177-187.
- Al-Hengari Salah, El-Bousiffi Mohamed and El-Mudir Walid, Performance analysis of a MSF desalination unit, Desalination 182 (2005) 73–85.
- Al-Foraij K.M. et al., The effect of different desalination techniques in reduction of boron content drinking water, IDA World Congress 2002, Bahrain, March 8–13, 2002.
- Al-Zubaidi A.A.J., Parametric Cost Analysis Study of Seawater Reverse Osmosis Systems Design in Kuwait, Desalination, 76(1989) 241-280.
- Alliot Jean-Marc et Durand Nicolas, Algorithmes génétiques, Publication du Centre d'Etudes de la Navigation Aérienne, March 2005.
- Audinos Rémy, Membranes semi-perméables: Membranes d'osmose inverse, Techniques de l'Ingénieur, traité constantes physico-chimiques K362, 2000.
- Baker Richard W., Membrane Technology and Applications, John Wiley & Sons Edition, 2004.
- Barnier Nicolas et Brisset Pascal, Optimisation par algorithme génétique sous contraintes, Technique et science informatiques, Vol.18 n°1(1999).
- Barnier Nicolas, Optimisation par hybridation d'un algorithme génétique avec la programmation par contraintes, Rapport DEA, Ecole Nationale de l'Aviation Civile de Toulouse (1997).

- Bars Didier Le, Physicochimie de l'eau et des solutions: transferts membranaires, cours de Biophysique des transports membranaires, Centre d'éploration et de recherche médicales par émission de positons de Lyon, 2001.
- Berland Jean-Marc et Juery Catherine, Les procédés membranaires pour le traitement de l'eau, Document technique n°14 du Direction de l'Espace Rural et de la Forêt (Ministère de l'agriculture, de l'alimentation, de la pèche et des affaires rurales- France), 2002.
- Bertrand Sophie, Osmose Inverse: Technologie, Manuel du cours en tensif sur 'techniques à membranes et dessalement de l'eau de mer et des eaux saumatres : principes-etat de l'ar',Tuni (Tunisia) 23-27 Février 2004.
- Bontemps Christophe, Principes Mathématiques et Utilisations des Algorithmes Génétiques, Working paper presented at Gremaq (1995) and Lerep (1996), Seminars (Toulouse).
- Chellam Shankar, Sharma Ramesh, Shetty Grishma, and Wei Ying, Quality and Membrane Treatability of the Lake Houston Water Supply : Final Report, Published by the Texas water resources institute, 2001.
- Cheryan M., Ultrafiltration and Microfiltration Handbook, Technomic Publishing Co., Inc., PA, USA, 1998.
- Chopard Bastien, Notes de cours : Méthodes et Heuristiques d'Optimisation et d'Apprentissage, Université de Genève, 2006.
- Corsin Pierre, Dessalement de l'eau de mer par osmose inverse: les vrais besoins en énergie, l'eau, l'industrie, les nuisances n°262 (2005) 57-61.
- Da Costa R., Fane A. G. and Wiley D. E., Spacer characterization and pressure drop modelling in spacer-filled channels for ultrafiltration, J. Membr.Sci., 87 (1994) 79-98.
- Dana Vrajitoru, Algorithmes génétiques en recherche de l'information, Rapport de recherche soutenue par le fond national suisse pour la recherche scientifique: Universite de Neuchatel, 1995.

- Dandavati Muru S., Doshi Mahendra R. and Gill William N., Hollow fiber reverse osmosis: experiments and analysis of radial flow systems, Chim. Eng.Sci., 30 (1975) 877-886.
- Danis Patrick, Dessalement de l'eau de mer, Techniques de l'Ingénieur, traité Génie des procédés J2700, 2003.
- Dey A., Thomas G., Kekre K.A. and Tao G.H., Membranes Part 2: impact of caustic dosing on contaminant removal using double-pass RO, Ultrapure Water, September (2001) 43.
- DuPont Company, B-10 Permasep* Permeators Factors Influencing Performance: Bulletin 2020, 1994.
- DuPont Company, B-9 Permasep* Permeators Factors Influencing Performance: Bulletin 3020, 1994.
- DuPont Company, General Guide to Products, Technology and Services, 1997.
- DuPont Company, Guide Général des Produits pour Osmose Inverse, 1994.
- DuPont Company, Permasep Products Engineering Manual, 1992.
- DuPont Company, Permasep Products Engineering Manual, Wilmington, 1992.
- DuPont Company, Permasep* B-10 TWINTM Permeator: Bulletin 2040, 1992.
- DuPont Company, RO system design with B-9 Permasep* Permeators: Bulletin 3030, 1994.
- DuPont Company, SeaWater RO System Design with Permasep* Permeators: Bulletin 2030, 1994.
- DuPont Company, The B-10 Single Bundle Permasep* Permeator: Bulletin 2010, 1992.
- Durand Nicolas, Algorithmes génétiques et autres outils d'optimisation appliqués à la gestion de trafic aérien, Publication du Centre d'Etudes de la Navigation Aérienne, Octobre 2004.
- Dydo Piotr, Turek Marian, Ciba Jerzy, Trojanowska Jolanta and Kluczka Joanna, Boron removal from landfill leachate by

means of nanofiltration and reverse osmosis, Desalination 185 (2005) 131–137.

- El-Azizi Ibrahim M. et Omran Abdu Alazizi M., Desalination 153(2002) 273-279.
- El-Saie M.H.A., Desalination at the Crossroads, Desalination 78(1990) 305-311.
- Fallet-Kahn François, Algorithmes génétiques, Rapport Brique MOD, Ecole Nationale Supérieure des Télécommunications de Paris, 2004.
- Ghabayen Said, McKee Mac, Kemblowski Mariush, Characterization of uncertainties in the operation and economics of the proposed seawater desalination plant in the Gaza Strip, Desalination 161 (2004) 191-201.
- Gill Williams N., Matsumoto Mark R., Gill Alison L. and Lee Yong-Take, Flow patterns in radial flow hollow fiber reverse osmosis systems, Desalination, 68 (1988) 11-28.
- Glineur François, Les mes multiples facettes de l'Optimisation, Colloquium MAPA,UCL/FSA/INMA&CORE, Chaire Tractebel, Mars 2003.
- Glueckstem P. and Priel M., Optimization of boron removal in old and new SWRO systems. Desalination, 153 (2003) 219–228.
- Glueckstem P. and Priel M., Advanced concept of large seawater desalination systems for Israel, Desalination 119(1998) 33-45.
- Gupta S. K., Design and analysis of reverse osmosis systems using three parameter models for transport across the membrane, Desalination, 85 (1992) 283-296.
- Helal A.M., E1-Nashar A.M., A1-Katheeri E.S. and A1-Malek S.A., Optimal design of hybrid RO/MSF desalination plants Part III: Sensitivity analysis, Desalination 169 (2004) 43-60.
- Helal A.M., El-Nashar A.M., Al-Katheeri E. and Al-Malek S., Optimal design of hybrid RO/MSF desalination plants. Part I. Modeling and algorithms. Desalination, 154 (2003) 43–66.

- Hoek Eric M.V., Kim Albert S. and Elimelech Menachem, Influence of Crossflow Membrane Filter Geometry and Shear Rate on Colloidal Fouling in Reverse Osmosis and Nanofiltration Separations, Environmental engineering science, Volume 19, Number 6 (2002) 357-372.
- Htun Oo Jian-Jun Qm Maung, Maung Nyunt Wai and Yi-Ming Cao, Enhancement of boron removal in treatment of spent rinse from a plating operation using RO, Desalination 172 (2005) 151-156.
- Journal officiel de la république Française, Code de la santé publique, Articles R.1321-1 à R.1321-66 et annexes 13-1 à 13-3.
- Lassoued Yassine, Etude du paramétrage d'un algorithme d'optimisation hybride, Rapport DEA, Ecole Nationale de l'Aviation Civile de Toulouse, 2000.
- Liberman Boris, The importance of energy recovry devices in reverse osmosis desalination, The Future of Desalination in Texas- Volume 2: Technical Papers, Case Studies, and Desalination Technology Resources. 2004.
- Linder R.E, Strader L.F. and Rehnberg G.L., Effects of acute exposure to boric acid on the male reproductive system of the rat., J. Toxicol. Environ. Health, 31 (1990) 133–146.
- Magara Y., Tabata A., Kohki M., Kawasaki M. and Hirose M., Development of boron reduction for sea water desalination. Desalination, 118(1998) 25–33.
- Malek A., Hawlader M. N. A. and Ho J. C., A lumped transport parameter approach in predicting B10 RO permeator performance, Desalination, 99 (1994) 19-38.
- Malek A., Hawlader M.N. and Ho J.C., A Lamped Transport Parameter Approach in Predicting B10 RO Permeator Performance, Desalination 99(1994) 19-38.
- Malek A., Hawlader M.N.A., HO J.C , Design and ecnomics of RO seawater desalination, Desalination 105(1996) 245-261.
- Marcovecchio Marian G., Aguirre Pio A. and Scenna Nicolas J., Global optimal design of reverse osmosis networks for

seawater desalination: modeling and algorithm, Desalination 184 (2005) 259–271.

- Maurel A., Osmose Inverse et Ultrafiltration: II- Technologie et Application, Techniques de l'Ingénieur, Imprimerie Strasbourgeoise, 1996.
- Maurel Alain, Techniques séparatives à membranes: Considérations théoriques, Techniques de l'Ingénieur, traité Génie des procédés J2790, 1988.
- Metaiche M., Kettab A. et Bengueddache B., Effet de la Qualité Exigée sur la Consommation d'Energie d'un Système de Dessalement, Actes du 2eme Séminaire National sur les ressources en eau, Mascara (Algérie), avril 2002.
- Metaiche M. and Kettab A., Contribution à la modélisation du facteur de correction de flux de rétention de la membrane 'MFRC' ; cas des modules B-9, Proceeding of National Seminar about Water and Environment, Béchar (Algeria), Octobre 2003.
- Metaiche M. and Kettab A., Desalination Water Price from Recent Performances: Modelling, Simulation and Analysis, International Journal of Nuclear Desalination, Vol. 1, 4 (2005) 456– 465.
- Metaiche M. and Kettab A., Mathematical Modeling of Desalination Parameters: Mono Stage Reverse Osmosis Case, Desalination, 165 (2004) 153.
- Metaiche M. and Kettab A., Mathematical Modeling of Desalination Parameters: Mono Stage Reverse Osmosis Case, article presented at EuroMed 2004 Desalination Strategies in South Mediterranean Countries, 2004.
- Metaiche M. and Kettab A., Modélisation mathématique des systèmes de dessalement di étages en série production pour le dessalement de l'eau par osmose inverse, Algerian Journal of Technology AJOT, numéro spécial (2005).
- Metaiche M. and Kettab A., Prix de l'Eau Dessalée selon les Performances Récentes: Modélisation, Simulation et Analyse,

proceeding of International Colloquium about Oasis, Water and Population, Biskra (Algeria), September 2003.

- Metaiche M. and Kettab A., RO reject staged systems for water desalination: mathematical simulation, Paper presented at the EuroMed 2004 Conference on Desalination Strategies in South Mediterranean Countries, Marrakech, Morocco, 30 May–2 June, 2004.

- Metaiche M., Etude d'Optimisation des Systèmes d'Osmose Inverse pour le Dessalement des Eaux de Mer sur Modèle de Simulation Numérique, Mémoire de Magister, Ecole Nationale Supérieure de l'Hydraulique, Blida (Algeria), 2000.

- Metaiche M., Kettab A. and B.Bengueddach, Contribution à la modélisation du facteur de correction de flux de rétention de la membrane 'MFRC' de dessalement de l'eau de mer : cas des modules B-10, Desalination, 158 (2003) 255-258.

- Metaiche M., Kettab A. and Bengueddache B., Contribution à la Modélisation du Prix de Revient de l'eau Dessalée par un Système d'Osmose Inverse Mono étage, Actes du colloque international sur l'eau : gestion quantitative et qualitative des ressources en eau, Chlef (Algeria), Février 2002.

- Metaiche M., Kettab A. et Bengueddach B., Modélisation de la production Quantitative et Qualitative d'un Système de dessalement, Proceeding des Journées d'Etudes sur la Chimie pour l'Environnement à Tiaret (Algeria), November 2001.

- Migliorini Giorgio and Luzzo Elena, Seawater reverse osmosis plant using the pressure exchanger for energy recovery: a calculation model, Desalination 165 (2004) 289-298.

- Morales Graciela and Barrufet Maria, Desalination of produced water using reverse osmosis, J.GasTIPS, Summer (2002) 13-17.

- Moraris Constantine Dino, Pang Ark W., Saline water conversion corp (SWCC) Ionics, incorporated reverse osmosis desalination, water reuse and BOO/BOOT Capabilities, Conference presentation, www.aie.org.au, 2004.

- Mottelet Stéphane, Optimisation non-linéaire, Edition UNIT Consortium, Université de Technologie de Compiègne, 2003.
- Mukherjee Parna and Gupta Arupk Sen, Ion Exchange Selectivity as a   Surrogate Indicator of Relative Permeability of Ions in Reverse Osmosis   Processes, Environ. Sci. Technol. 37(2003) 1432-1440.
- Nooijen W.F.J.M. and Wouters J.W., Optimizing and Planning of Seawater Desalination, Desalination 89 (1992) 1-19.
- Ohya H., Yajima K. and Miyashita R., Design of reverse osmosis process, Desalination, 63 (1987) 119-133.
- Pablo Diaz Juan, Application des membranes au traitement des eaux usées, Synthèse technique de l'ENGREF de Montpellier, 2001.
- Pankratz Tom, An Overview of Seawater Intake Facilities for Seawater Desalination, The Future of Desalination in Texas,Volume 2: Technical Papers, Case Studies, and Desalination Technology Resources, Edi.Texas water development board, 2004.
- Pastor M.R., Ruiz A.F., Chillon M.F. and Rico D.P., Influence of pH in the elimination of boron by means of reverse osmosis. Desalination, 140 (2001) 145–152.
- Pharoah J.G., Djilali N., Vickers G.W., Fluid mechanics and mass transport in centrifugal membrane separation, Journal of Membrane Science 176 (2000) 277–289.
- Polasek Vashek and Al., Conversion from hollow fiber to spiral technology in large seawater RO systems- process design and economics, Desalination 156(2003) 239-247.
- Poullikkas Andreas, Optimization algorithm for reverse osmosis desalination economics, Desalination 133 (2001) 75-81.
- Poullikkas Andreas, Technical and economic analysis for the integration of small reverse osmosis desalination plants into MAST gas turbine cycles for power generation, Desalination 172 (2005) 145-150.

- Prats D., Chillion-Arias M. F. and Rodriges-Pastor M., Analysis of the influence of pH and pressure on the elimination of boron in reverse osmosis, Desalination, 128 (2000) 269–273.
- Rahni M., Les techniques membranaires de séparation : une technologie d'avenir, BioTechno (bulletin du centre québécois de valorisation des biotechnologies) Vol.3 n°4 (200 4).
- Rautenbach R. and Dahm W., Design and optimization of spiral-wound and hollow fiber RO-modules, Desalination, 65 (1987) 259-275.
- Redondo J., Busch M. and De Witte J.P., Boron removal from seawater using FILMTECTM high rejection SWRO membranes. Desalination, 156(2003) 229–239.
- Renaudin Viviane, Le dessalement de l'eau de mer et des eaux saumâtres, dossier pluridisciplinaire sur l'eau du site Culture Sciences-Chimie, 2003.
- Riboni Enrico, Conception d'une nouvelle installation: Méthodologie- Déroulement d'un projet- Spécifications: Cours de formation continue, Fondation Suisse pour la Recherche en Microtechnique, 2002.
- Roudenko Olga, Application des Algorithmes Evolutionnaires aux Problèmes d'Optimisation Multi-Objectif avec Contraintes, Thèse de l'Ecole Polytechnique de Paris, 2004.
- Sagle Alyson and Freeman Benny, Fundamentals of Membranes for Water Treatment, The Future of Desalination in Texas- Volume 2: Technical Papers, Case Studies, and Desalination Technology Resources, 2004.
- Sambrailo D. and Kunst B., On the calculation of stream concentrations in reverse osmosis processes, Desalination, 60 (1986) 111-116.
- Schippers Jan C., A copmparaison of membrane and distillation techniques: energy consumption & costs : Manuel du cours intensifs sur «Techniques à membranes et dessalement de l'eau de mer et des eaux saumâtres: principes état de l'art», Tinus 23-27 Février 2004.

- Sekino M., Precise analytical model of hollow fiber reverse osmosis modules, J. Membr. Sci., 85 (1993) 241-252.
- Sekino Masaaki, Study of an analytical model for hollow fiber reverse osmosis module systems, Desalination 100 (1995) 85-97.
- Semiat Raphael, Desalination: Present and Future, Water International, Volume 25, Number 1, Pages 54 n°65, March 2000.
- Simonovie Slobodan P., Des algorithmes de dernier recours pour l'optimisation de systèmes de ressources hydriques, CORS-SCRO bulletin Vol .34 n°1 (2000) 9-18.
- Soltanieh Mohammad and Gill William N., An experimental study of the complete-mixing model for radial flow hollow fiber reverse osmosis systems, Desalination, 49 (1984) 57-88.
- Tamas Adrian Paul, Etude comparée du colmatage en Nano-filtration et en ultrafiltration d'eau de surface, Mémoire de Maîtrise, Université Laval, 2004.
- Taniguchi M., Kimura S., Estimation of transport parameters of reverse osmosis membranes used for seawater desalination, AIChE J. 46 (2000) 1967–1973.
- Taniguchi M., Kurihara M. and Kimura S., Boron reduction performance of reverse osmosis seawater desalination process, J. Membr. Sci., 183 (2001) 259–267.
- The numerical algorithms group limited, Fortran library mark 16, volume 4, E04: minimizing or maximizing a function, Produced by NAG, UK, 1993.
- Tian Li and Al., Economic pre-feasibility study of seawater desalination for a high-temperature gaz-cooled reactor by reverse osmosis, Desalination 157(2003) 253-258.
- Trettin Daniel R., An Investigation of Mass Transfer Mechanisms in Ultrafiltration, Doctor's thesis, Lawrence University (Wisconsin, USA), 1980.
- Villafafila A. and Mujtabab I.M., Fresh water by reverse osmosis based desalination: simulation and optimisation, Desalination 155 (2003) I-13.

- Voros N.G., Maroulis Z.B. and Marinos-Kouris D., Short-cut structural design of reverse osmosis desalination plants, J. Membr. Sci., 127 (1997) 47–68.
- Wagner Jorgen, Membrane filtration Handbook: Practical Tips and Hints, Edition Osmonics, 2001.
- Wilf Mark and Klinko Kenneth, Optimization of seawater RO system design, Desalination 138(2001) 299-306.
- Wilke C.R., Chang P., Correlation of diffusion coefficients in dilute solutions, AIChE J. 1 (1955) 264–270.
- Williams M. E., Hestekin J. A., Smothers C. N., and Bhattacharyya D., Separation of Organic Pollutants by Reverse Osmosis and Nanofiltration Membranes: Mathematical Models and Experimental Verification (I&EC Research, September 1999), Industrial and Engineering Chemistry Research, vol.38, issue: 10, 1999.
- World Health Organization, Guidelines for Drinking-water Quality, third edition, Printed in China by Sun Fung 2004.
- Zejli D., Benchrifa R., Bennouna A. and Zazi K., Economic analysis of indpowered desalination in the south of Morocco, Desalination 165 (2004) 219-230.

ANNEXE 1: MODULE NAG E04UCF ORIGINAL

Note: *the following program illustrates the use of E04UCF. An equivalent program illustrating the use of E04UCA is available with the supplied Library and is also available from the NAG web site.*

```
*      E04UCF Example Program Text
*      Mark 16 Release. NAG Copyright 1993.
*      .. Parameters ..
       INTEGER        NIN, NOUT
       PARAMETER      (NIN=5,NOUT=6)
       INTEGER        NMAX, NCLMAX, NCNMAX
       PARAMETER      (NMAX=10,NCLMAX=10,NCNMAX=10)
       INTEGER        LDA, LDCJ, LDR
       PARAMETER      (LDA=NCLMAX,LDCJ=NCNMAX,LDR=NMAX)
       INTEGER        LIWORK, LWORK
       PARAMETER      (LIWORK=100,LWORK=1000)
*      .. Local Scalars ..
       real           OBJF
       INTEGER        I, IFAIL, ITER, J, N, NCLIN, NCNLN
*      .. Local Arrays ..
       real           A(LDA,NMAX), BL(NMAX+NCLMAX+NCNMAX),
      +               BU(NMAX+NCLMAX+NCNMAX), C(NCNMAX),
      +               CJAC(LDCJ,NMAX), CLAMDA(NMAX+NCLMAX+NCNMAX),
      +               OBJGRD(NMAX), R(LDR,NMAX), USER(1), WORK(LWORK),
      +               X(NMAX)
       INTEGER        ISTATE(NMAX+NCLMAX+NCNMAX), IUSER(1),
      +               IWORK(LIWORK)
*      .. External Subroutines ..
       EXTERNAL       CONFUN, E04UCF, OBJFUN
*      .. Executable Statements ..
       WRITE (NOUT,*) 'E04UCF Example Program Results'
*      Skip heading in data file
       READ (NIN,*)
       READ (NIN,*) N, NCLIN, NCNLN
       IF (N.LE.NMAX .AND. NCLIN.LE.NCLMAX .AND. NCNLN.LE.NCNMAX) THEN
*
*         Read A, BL, BU and X from data file
*
          IF (NCLIN.GT.0) READ (NIN,*) ((A(I,J),J=1,N),I=1,NCLIN)
          READ (NIN,*) (BL(I),I=1,N+NCLIN+NCNLN)
          READ (NIN,*) (BU(I),I=1,N+NCLIN+NCNLN)
          READ (NIN,*) (X(I),I=1,N)
*
*         Solve the problem
*
          IFAIL = -1
*
          CALL E04UCF(N,NCLIN,NCNLN,LDA,LDCJ,LDR,A,BL,BU,CONFUN,OBJFUN,
      +               ITER,ISTATE,C,CJAC,CLAMDA,OBJF,OBJGRD,R,X,IWORK,
      +               LIWORK,WORK,LWORK,IUSER,USER,IFAIL)
*
       END IF
       STOP
       END
       SUBROUTINE OBJFUN(MODE,N,X,OBJF,OBJGRD,NSTATE,IUSER,USER)
*      Routine to evaluate objective function and its 1st derivatives.
*      .. Parameters ..
       real           ONE, TWO
       PARAMETER      (ONE=1.0e0,TWO=2.0e0)
*      .. Scalar Arguments ..
       real           OBJF
       INTEGER        MODE, N, NSTATE
*      .. Array Arguments ..
       real           OBJGRD(N), USER(*), X(N)
       INTEGER        IUSER(*)
*      .. Executable Statements ..
       IF (MODE.EQ.0 .OR. MODE.EQ.2) OBJF = X(1)*X(4)*(X(1)+X(2)+X(3)) +
      +    X(3)
```

```
*
      IF (MODE.EQ.1 .OR. MODE.EQ.2) THEN
         OBJGRD(1) = X(4)*(TWO*X(1)+X(2)+X(3))
         OBJGRD(2) = X(1)*X(4)
         OBJGRD(3) = X(1)*X(4) + ONE
         OBJGRD(4) = X(1)*(X(1)+X(2)+X(3))
      END IF
*
      RETURN
      END
*
      SUBROUTINE CONFUN(MODE,NCNLN,N,LDCJ,NEEDC,X,C,CJAC,NSTATE,IUSER,
     +                  USER)
*     Routine to evaluate the nonlinear constraints and their 1st
*     derivatives.
*     .. Parameters ..
      real                ZERO, TWO
      PARAMETER           (ZERO=0.0e0,TWO=2.0e0)
*     .. Scalar Arguments ..
      INTEGER             LDCJ, MODE, N, NCNLN, NSTATE
*     .. Array Arguments ..
      real                C(*), CJAC(LDCJ,*), USER(*), X(N)
      INTEGER             IUSER(*), NEEDC(*)
*     .. Local Scalars ..
      INTEGER             I, J
*     .. Executable Statements ..
      IF (NSTATE.EQ.1) THEN
*        First call to CONFUN.  Set all Jacobian elements to zero.
*        Note that this will only work when 'Derivative Level = 3'
*        (the default; see Section 11.2).
         DO 40 J = 1, N
            DO 20 I = 1, NCNLN
               CJAC(I,J) = ZERO
20          CONTINUE
40       CONTINUE
      END IF
*
      IF (NEEDC(1).GT.0) THEN
         IF (MODE.EQ.0 .OR. MODE.EQ.2) C(1) = X(1)**2 + X(2)**2 + X(3)
     +        **2 + X(4)**2
         IF (MODE.EQ.1 .OR. MODE.EQ.2) THEN
            CJAC(1,1) = TWO*X(1)
            CJAC(1,2) = TWO*X(2)
            CJAC(1,3) = TWO*X(3)
            CJAC(1,4) = TWO*X(4)
         END IF
      END IF
*
      IF (NEEDC(2).GT.0) THEN
         IF (MODE.EQ.0 .OR. MODE.EQ.2) C(2) = X(1)*X(2)*X(3)*X(4)
         IF (MODE.EQ.1 .OR. MODE.EQ.2) THEN
            CJAC(2,1) = X(2)*X(3)*X(4)
            CJAC(2,2) = X(1)*X(3)*X(4)
            CJAC(2,3) = X(1)*X(2)*X(4)
            CJAC(2,4) = X(1)*X(2)*X(3)
         END IF
      END IF
*
      RETURN
      END
```

162

ANNEXE 2 : MODULE NAG E04UCF MODIFIE :

```
*    E04UCF Example Program Text
*    Mark 16 Release. NAG Copyright 1993.
*    .. Parameters ..
     INTEGER      NIN, NOUT
     PARAMETER      (NIN=10,NOUT=20)
     INTEGER      NMAX, NCLMAX, NCNMAX
     PARAMETER      (NMAX=10,NCLMAX=10,NCNMAX=10)
     INTEGER      LDA, LDCJ, LDR
     PARAMETER      (LDA=NCLMAX,LDCJ=NCNMAX,LDR=NMAX)
     INTEGER      LIWORK, LWORK
     PARAMETER      (LIWORK=100,LWORK=1000)
*    .. Local Scalars ..
     DOUBLE PRECISION OBJF
     INTEGER      I, IFAIL, ITER, J, N, NCLIN, NCNLN
*    .. Local Arrays ..
     DOUBLE PRECISION A(LDA,NMAX), BL(NMAX+NCLMAX+NCNMAX),
     +        BU(NMAX+NCLMAX+NCNMAX), C(NCNMAX),
     +        CJAC(LDCJ,NMAX), CLAMDA(NMAX+NCLMAX+NCNMAX),
     +        OBJGRD(NMAX), R(LDR,NMAX), USER(1), WORK(LWORK),
     +        X(NMAX)
     INTEGER      ISTATE(NMAX+NCLMAX+NCNMAX), IUSER(1),
     +        IWORK(LIWORK)
*    .. External Subroutines ..
     EXTERNAL      CONFUN, E04UCF, OBJFUN
*    .. Executable Statem
     OPEN (10,file='e04ucfe.dat',STATUS='OLD')
     OPEN (20,file='e04ucfe.res',STATUS='NEW')
        CALL  E04UEF ('Der = 0')
        CALL  E04UEF ('Mo = 20')
        CALL  E04UEF ('Der = 0')
        CALL  E04UEF ('Print Level = 20')
        CALL  E04UEF ('Op = 1.0E-4')
     WRITE (NOUT,*) 'E04UCF Example Program Results'
*    Skip heading in data file
     READ (NIN,*)
     READ (NIN,*) N, NCLIN, NCNLN
     IF (N.LE.NMAX .AND. NCLIN.LE.NCLMAX .AND. NCNLN.LE.NCNMAX) THEN
*
*    Read A, BL, BU and X from data file
*
*       IF (NCLIN.GT.0) READ (NIN,*) ((A(I,J),J=1,N),I=1,NCLIN)
        READ (NIN,*) (BL(I),I=1,N+NCLIN+NCNLN)
        READ (NIN,*) (BU(I),I=1,N+NCLIN+NCNLN)
        READ (NIN,*) (X(I),I=1,N)
*
*       Solve the problem
*
        IFAIL = -1
```

```
      CALL E04UCF(N,NCLIN,NCNLN,LDA,LDCJ,LDR,A,BL,BU,CONFUN,OBJFUN,
   +        ITER,ISTATE,C,CJAC,CLAMDA,OBJF,OBJGRD,R,X,IWORK,
   +        LIWORK,WORK,LWORK,IUSER,USER,IFAIL)
      END IF
      STOP
      END
      SUBROUTINE OBJFUN(MODE,N,X,OBJF,OBJGRD,NSTATE,IUSER,USER)
*     Routine to evaluate objective function and its 1st derivatives.
*      .. Parameters ..
      DOUBLE PRECISION  ONE, TWO
      PARAMETER         (ONE=1.0D0,TWO=2.0D0)
*      .. Scalar Arguments ..
      DOUBLE PRECISION  OBJF
      INTEGER           MODE, N, NSTATE
*      .. Array Arguments ..
      DOUBLE PRECISION  OBJGRD(N), USER(*), X(N)
      INTEGER           IUSER(*)
*      .. Executable Statements ..
      IF (MODE.EQ.0 .OR. MODE.EQ.2) THEN
          CALL DESIGN_IMPOSED1(X,OBJF)
      !write(20,*) objf
* OBJF=prf
        endif
        !OBJF = X(1)*X(4)*(X(1)+X(2)+X(3)) + X(3)
*
      IF (MODE.EQ.1 .OR. MODE.EQ.2) THEN
*        OBJGRD(1) = X(4)*(TWO*X(1)+X(2)+X(3))
*        OBJGRD(2) = X(1)*X(4)
*        OBJGRD(3) = X(1)*X(4) + ONE
*        OBJGRD(4) = X(1)*(X(1)+X(2)+X(3))
      END IF
*
      RETURN
      END
*SUBROUTINE CONFUN(MODE,NCNLN,N,LDCJ,NEEDC,X,C,CJAC,NSTATE,IUSER,
   +        USER)
*     Routine to evaluate the nonlinear constraints and their 1st
*     derivatives.
*      .. Parameters ..
      DOUBLE PRECISION  ZERO, TWO
      PARAMETER         (ZERO=0.0D0,TWO=2.0D0)
*      .. Scalar Arguments ..
      INTEGER           LDCJ, MODE, N, NCNLN, NSTATE
*      .. Array Arguments ..
      DOUBLE PRECISION  C(*), CJAC(LDCJ,*), USER(*), X(N)
      INTEGER           IUSER(*), NEEDC(*)
*      .. Local Scalars ..
      INTEGER           I, J
*      .. Executable Statements ..
*     IF (NSTATE.EQ.1) THEN
*     First call to CONFUN.  Set all Jacobian elements to zero.
*     Note that this will only work when 'Derivative Level = 3'
*     (the default; see Section 11.2).
```

```
*       DO 40 J = 1, N
*         DO 20 I = 1, NCNLN
*           CJAC(I,J) = ZERO
* 20      CONTINUE
* 40    CONTINUE
*     END IF
*
    IF (NEEDC(1).GT.0) THEN
      IF (MODE.EQ.0 .OR. MODE.EQ.2) THEN
          CALL DESIGN_IMPOSED2(X,C)
          !write(20,*) c(1)
          !C(1)=cpt
        ENDIF
        !   C(1) = X(1)**2 + X(2)**2 + X(3)**2 + X(4)**2
      IF (MODE.EQ.1 .OR. MODE.EQ.2) THEN
*         CJAC(1,1) = TWO*X(1)
*         CJAC(1,2) = TWO*X(2)
*         CJAC(1,3) = TWO*X(3)
*         CJAC(1,4) = TWO*X(4)
      END IF
    END IF
*
!    IF (NEEDC(2).GT.0) THEN
!     IF (MODE.EQ.0 .OR. MODE.EQ.2) C(2) = X(1)*X(2)*X(3)*X(4)
!      IF (MODE.EQ.1 .OR. MODE.EQ.2) THEN
*         CJAC(2,1) = X(2)*X(3)*X(4)
*         CJAC(2,2) = X(1)*X(3)*X(4)
*         CJAC(2,3) = X(1)*X(2)*X(4)
*         CJAC(2,4) = X(1)*X(2)*X(3)
!     END IF
!    END IF
     CLOSE (10)
     RETURN
     END
```

ANNEXE 3 : DONNEES ET RESULTANTS DES
DIFFERENTS CAS CALCULES PAR NAG E04UCF :

```
CAS 1:
E04UCF Example Program Data
9   0   1                        :Values of N, NCLIN and NCNLN
800.0    350.0      350.0   0.0      0.0      0.0  0.0      0.0      0.0  0.0   :End of BL
1200.0   400.0      400.0   0.8      1.0      1.0  1.0      1.0      1.0  500.0 :End of BU
1200.0   350.0      0.0     0.33     0.72     0.0  0.99     0.74     0.0        :End of X


E04UCF Example Program Results

Major iteration   2
====================

Maj Mnr    Step Nfun Merit Function Norm Gz  Violtn   Nz  Bnd  Lin  Nln Penalty  Cond H Cond Hz  Cond T Conv
2    2 8.8D-01   18 0.000000D+00 0.0D+00 0.0D+00   5   4    0    0 0.0D+00 6.6D+01 6.6D+01 0.0D+00 T TT  C
Nonlinear objective value =     0.000000D+00   Norm of the nonlinear constraint violations =    0.000000D+00
Values of the constraints and their predicted status
----------------------------------------------------

Variables
1.199999D+03   0   3.500000D+02    1   3.500000D+02   1   7.517683D-01   0   7.200000D-01   0
0.000000D+00   1   9.348265D-01    0   7.400000D-01   0   0.000000D+00   1
Nonlinear constraints
0.000000D+00   0


CAS 2 :
E04UCF Example Program Data
9   0   1                        :Values of N, NCLIN and NCNLN
800.0    350.0      350.0   0.0      0.0      0.0  0.0      0.0      0.0  0.0   :End of BL
1200.0   400.0      400.0   0.8      1.0      1.0  1.0      1.0      1.0  500.0 :End of BU
1200.0   400.0      0.0     0.3      0.7      0.0  0.3      0.0      0.0        :End of X


E04UCF Example Program Results

Major iteration   50
====================

Maj Mnr    Step Nfun Merit Function Norm Gz  Violtn   Nz  Bnd  Lin  Nln Penalty  Cond H Cond Hz  Cond T Conv
50   1 1.0D+00  162 3.904654445D-01 2.6D-01 8.9D-11   5   4    0    0 1.2D-04 1.3D+10 9.3D+04 0.0D+00 T FTM C
Nonlinear objective value =     3.904654D-01   Norm of the nonlinear constraint violations =    0.000000D+00
Values of the constraints and their predicted status
----------------------------------------------------

Variables
1.199994D+03   0   4.000000D+02    2   3.500000D+02   0   3.000551D-01   0   9.099003D-01   0
8.878632D-11   1   3.244639D-01    0   0.000000D+00   1   1.000000D+00   2
```

CAS 3:

E04UCF Example Program Data

```
9   0   1                           :Values of N, NCLIN and NCNLN
800.0    350.0      350.0   0.0      0.0      0.0  0.0      0.0      0.0  0.0   :End of BL
1200.0   400.0      400.0   0.8      1.0      1.0  1.0      1.0      1.0  500.0 :End of BU
1200.0   375.0      0.0     0.3      0.7      0.0  0.3      0.0      0.0        :End of X
```

E04UCF Example Program Results

Major iteration   4
====================

```
Maj  Mnr    Step Nfun  Merit Function Norm Gz  Violtn    Nz  Bnd  Lin  Nln Penalty  Cond H Cond Hz  Cond T Conv
4    4 2.6D-01   41 3.98348225D-01 1.3D-01 3.8D+02    4    4    3    1 1.5D-04 5.2D+06 8.5D+05 1.7D+04 T FF  C
Nonlinear objective value =    4.067898D-01   Norm of the nonlinear constraint violations =    0.000000D+00
Values of the constraints and their predicted status
------------------------------------------------------

Variables
1.200000D+03   2   3.750001D+02   0   3.500000D+02   1   3.945728D-01   0   8.236153D-01   0
-3.159792D-17  1   3.895195D-01   0   1.500774D-02   1   5.672990D-02   0
Nonlinear constraints
1.234457D+02   2
```

CAS 4:

E04UCF Example Program Data

```
9   0   1                           :Values of N, NCLIN and NCNLN
800.0    350.0      350.0   0.0      0.0      0.0  0.0      0.0      0.0  0.0   :End of BL
1200.0   400.0      400.0   0.8      1.0      1.0  1.0      1.0      1.0  500.0 :End of BU
1100.0   386.0      0.0     0.3      0.7      0.0  0.3      0.0      0.0        :End of X
```

E04UCF Example Program Results

Major iteration   6
====================

```
Maj  Mnr    Step Nfun  Merit Function Norm Gz  Violtn    Nz  Bnd  Lin  Nln Penalty  Cond H Cond Hz  Cond T Conv
6    1 7.5D-04   65 4.69863276D-01 3.1D+07 0.0D+00    8    1    0    0 6.6D-04 1.0D+13 1.0D+13 0.0D+00 T FT  C R
Nonlinear objective value =    4.698734D-01   Norm of the nonlinear constraint violations =    0.000000D+00
Values of the constraints and their predicted status
------------------------------------------------------

Variables
1.100000D+03   0   3.860000D+02   0   3.500000D+02   1   3.001625D-01   0   6.999992D-01   0
2.696354D-09   0   3.000537D-01   0   1.129977D-05   0   4.302475D-05   0

Nonlinear constraints
1.032191D+02   0
```

CAS 5:

E04UCF Example Program Data

```
9   0   1                         :Values of N, NCLIN and NCNLN
800.0     350.0      350.0  0.0      0.0      0.0   0.0      0.0      0.0  0.0   :End of BL
1200.0    400.0      400.0  0.8      1.0      1.0   1.0      1.0      1.0  500.0 :End of BU
1000.0    400.0      0.0    0.3      0.7      0.0   0.3      0.0      0.0       :End of X
```

E04UCF Example Program Results

Major iteration   2
====================

```
Maj  Mnr   Step Nfun Merit Function Norm Gz  Violtn   Nz  Bnd  Lin  Nln Penalty  Cond H Cond Hz  Cond T Conv
2   0 1.0D+00   17 0.00000000D+00 0.0D+00 0.0D+00    5    4    0    0 0.0D+00 1.1D+00 1.0D+00 0.0D+00 T TT  C
Nonlinear objective value =   0.000000D+00   Norm of the nonlinear constraint violations =   0.000000D+00
Values of the constraints and their predicted status
---------------------------------------------------
Variables
9.999998D+02   0   4.000000D+02   2   3.500000D+02   1   7.085163D-01   0   7.169802D-01   0
0.000000D+00   1   5.524228D-01   0   1.000000D+00   2   9.380613D-01   0
Nonlinear constraints
0.000000D+00   0
```

CAS 6:

E04UCF Example Program Data

```
9   0   1                         :Values of N, NCLIN and NCNLN
800.0     350.0      350.0  0.0      0.0      0.0   0.0      0.0      0.0  0.0   :End of BL
1200.0    400.0      400.0  0.8      1.0      1.0   1.0      1.0      1.0  500.0 :End of BU
900.0     400.0      0.0    0.3      0.7      0.0   0.3      0.0      0.0       :End of X
```

E04UCF Example Program Results

Major iteration   5
====================

```
Maj  Mnr   Step Nfun Merit Function Norm Gz  Violtn   Nz  Bnd  Lin  Nln Penalty  Cond H Cond Hz  Cond T Conv
5  10 5.8D-08   40 5.54265998D-01 5.1D+01 0.0D+00    7    2    0    0 1.4D-04 1.9D+06 1.9D+06 0.0D+00 T FTM C R
Nonlinear objective value =   5.673233D-01   Norm of the nonlinear constraint violations =   0.000000D+00
Values of the constraints and their predicted status
---------------------------------------------------
Variables
9.000000D+02   0   4.000000D+02   2   3.500000D+02   1   3.000790D-01   0   6.999996D-01   0
1.690077D-09   0   3.000240D-01   0   5.032812D-06   0   4.681553D-17   0
Nonlinear constraints
1.624949D+02   0
```

CAS 7:

E04UCF Example Program Data

```
9   0   1                         :Values of N, NCLIN and NCNLN
800.0     350.0      350.0  0.0      0.0      0.0   0.0      0.0      0.0  0.0   :End of BL
1200.0    400.0      400.0  0.8      1.0      1.0   1.0      1.0      1.0  500.0 :End of BU
900.0     400.0      400.0  0.1      0.7      0.7   0.8      0.8      0.8       :End of X
```

E04UCF Example Program Results

Major iteration   1
====================

```
Maj  Mnr   Step Nfun Merit Function Norm Gz  Violtn   Nz  Bnd  Lin  Nln Penalty  Cond H Cond Hz  Cond T Conv
1   0 1.0D+00    2 0.00000000D+00 0.0D+00 0.0D+00    6    3    0    0 0.0D+00 2.1D+00 1.0D+00 0.0D+00 T TT  C
Nonlinear objective value =   0.000000D+00   Norm of the nonlinear constraint violations =   0.000000D+00
Values of the constraints and their predicted status
---------------------------------------------------
Variables
8.999996D+02   0   4.000000D+02   2   4.000000D+02   2   8.000000D-01   2   6.999767D-01   0
6.999670D-01   0   7.464791D-01   0   0.017921D-01   0   8.111676D-01   0
Nonlinear constraints
0.000000D+00   0
```

CAS 8:

E04UCF Example Program Data
```
9   0   1                          :Values of N, NCLIN and NCNLN
800.0     350.0      350.0  0.0      0.0      0.0  0.0      0.0      0.0  0.0   :End of BL
1200.0    400.0      400.0  0.8      1.0      1.0  1.0      1.0      1.0  500.0 :End of BU
900.0     400.0      400.0  0.5      0.5      0.5  0.5      0.5      0.5        :End of X
```

E04UCF Example Program Results

Major iteration   26
=====================
```
Maj  Mnr   Step Nfun  Merit Function Norm Gz  Violtn   Nz  Bnd  Lin  Nln Penalty  Cond H Cond Hz  Cond T Conv
26    1 1.0D+00   80  3.78323450D-01 1.8D-01 0.0D+00    9    0    0    0 4.3D-05 3.2D+08 3.2D+08 0.0D+00 T FT  C
```

Nonlinear objective value =   3.783234D-01   Norm of the nonlinear constraint violations =   0.000000D+00
Values of the constraints and their predicted status

```
Variables
1.036713D+03  0   3.999991D+02  0   3.999994D+02  0   3.201877D-01  0   5.567684D-01  0
4.642662D-01  0   9.999937D-01  0   1.000000D+00  0   1.000000D+00  0
Nonlinear constraints
2.946185D+02  0
```

CAS 9:

E04UCF Example Program Data
```
9   0   1                          :Values of N, NCLIN and NCNLN
800.0     350.0      350.0  0.0      0.0      0.0  0.0      0.0      0.0  0.0   :End of BL
1200.0    400.0      400.0  0.8      1.0      1.0  1.0      1.0      1.0  500.0 :End of BU
900.0     350.0      350.0  0.6      0.2      0.3  0.3      0.3      0.3        :End of X
```

E04UCF Example Program Results
Major iteration   14
=====================
```
Maj  Mnr   Step Nfun  Merit Function Norm Gz  Violtn   Nz  Bnd  Lin  Nln Penalty  Cond H Cond Hz  Cond T Conv
14    7 1.6D-01   63  4.58277561D-01 2.3D-01 7.3D-01    8    1    0    0 7.2D-03 1.4D+06 1.2D+05 0.0D+00 T FF  C
```
Nonlinear objective value =   4.602528D-01   Norm of the nonlinear constraint violations =   0.000000D+00
Values of the constraints and their predicted status

```
Variables
8.994910D+02  0   3.500009D+02  0   3.500003D+02  0   3.599685D-01  0   6.098447D-01  0
6.313348D-01  0   8.882889D-01  0   9.442628D-01  0   7.269338D-01  1
Nonlinear constraints
4.586659D+02  0
```

ANNEXE 4 : DONNEES ET RESULTATS DES EXEMPLES D'USINES OPTIMISEES PAR DESALTOP

DESALINATION PLANT :Tampa
CONTRY : FL,USA
NOTIFICATION :2002, Hydranautics study,USA (reduction of chlorure concentration :<100 ppm)
SOURCE :Mark Wilf and Kenneth Klinko, Desalination 138(2001) 299-306
USED METHOD : existing plant
CONFIGURATION: double pass
TYPE OF UTILISED MEMBRANES : Hollow fiber permeators

TECHNICAL DATA :
Overall capacity (m3/d) : 94000.0000
Seawater TDS (ppm) : 24500.0000
Sewater temperature (°c) :   23.0000
Permeator flow in standar condtions (m3/d) :   49.2500
TDS guideline (ppm) :   100.0000
Sewater Boron concentration (ppm) :
Boron guideline (ppm) :

ECONOMIC DATA :
Membrane lifetime (year) :   5.0000
Plant lifetime (year) :   20.0000
Interest rate (%) :   0.0800
Power cost ($/KWh) :   0.0600
B10 permeator cost ($/permeator) :
B9 permeator cost ($/permeator) :
Efficiency of pumps (%) :   0.7800
Efficiency of turbines (%) :   0.7800
Number of operators :
Average man-monthly salary ($) :
Rate of indirect capital costs (%) :   0.2000
Plant laod factor (%) :
Operating pressure (KPa) :
Overall recovery (%) :   0.5000
Unit water cost ($/m3) :   0.5500
Poduct water TDS (ppm) :
Boron concentration in product water (ppm) :

```
***********************************************************************
              PLANT PERFORMANCES : ONE STAGE DESIGN
                    SIMULATION BY "DESALTOP"
```
Prf($/m3)=	0.3432;	Cpt(ppm) =		144.6442;	Cptb(ppm)=	0.0000
Qpt(m3/j)-	94008.6851;	yt(%)-		50.0000;	Crt(ppm)-	48855.3558
Nme(1):modules-	1773;	Nme(2):modules-		0;	Nme(3):modules-	0
Pf(1)(KPa)-	8274.0000;	Pf(2)(KPa)-		0.0000;	Pf(3)(KPa)-	0.0000
ye(1)(%)-	50.0000;	ye(2)(%)-		0.0000;	ye(3)(%)-	0.0000
pr(1)(%)-	100.0000;	pr(2)(%)-		0.0000;	pr(3)(%)-	0.0000
Qp(1)(m3/j)-	53.0224;	Qp(2)(m3/j)-		0.0000;	Qp(3)(m3/j)-	0.0000
Qpe(1)(m3/j)=	94008.6851;	Qpe(2)(m3/j)=		0.0000;	Qpe(3)(m3/j)=	0.0000
Qre(1)(m3/j)-	94008.6851;	Qre(2)(m3/j)-		0.0000;	Qre(3)(m3/j)-	0.0000
Cp(1)(ppm)-	144.6442;	Cp(2)(ppm)-		0.0000;	Cp(3)(ppm)-	0.0000
Cr(1)(ppm)=	48855.3558;	Cr(2)(ppm)=		0.0000;	Cr(3)(ppm)=	0.0000
```
***********************************************************************
```

```
***********************************************************************
                 PLANT OPTTIMAL DESIGN BY DESALTOP
```
Prf($/m3)-	0.3636;	Cpt(ppm)-		99.9486;	Cptb(ppm)-	0.0000
Qpt(m3/j)-	93989.8137;	yt(%)-		30.6040;	Crt(ppm)-	35260.5449

```
Nme(1):modules=        1607;  Nme(2):modules=         144;  Nme(3):modules=           34

Pf(1)(KPa)=        8266.8174;  Pf(2)(KPa)=       2757.9041;  Pf(3)(KPa)=        2751.0093

ye(1)(%)=            30.7100;  ye(2)(%)=           76.2900;  ye(3)(%)=            79.2300

pr(1)(%)=            92.1300;  pr(2)(%)=            6.9100;  pr(3)(%)=             1.9700

Qp(1)(m3/j)=         58.6903;  Qp(2)(m3/j)=        39.3882;  Qp(3)(m3/j)=         38.1653

Qpe(1)(m3/j)=     94315.3921;  Qpe(2)(m3/j)=     5671.9061;  Qpe(3)(m3/j)=      1297.6197

Qre(1)(m3/j)=    212800.8309;  Qre(2)(m3/j)=     1750.7153;  Qre(3)(m3/j)=       332.1212

Cp(1)(ppm)=         106.5208;  Cp(2)(ppm)=          6.2245;  Cp(3)(ppm)=          29.0106

Cr(1)(ppm)=       35311.4265;  Cr(2)(ppm)=        431.4569;  Cr(3)(ppm)=        2003.8419
************************************************************************
```

```
DESALINATION PLANT :Marbella
COUNTRY : Spain (Marbella)
NOTIFICATION : drinking w., to replace MFS plant, (conversion hollow fiber- spiral, 2003)
SOURCE : Vashek Polasek and Al., Desalination 156(2003) 239-247
USED METHOD : existing plant
CONFIGURATION: One stage
TYPE OF UTILISED MEMBRANES : Hollow fiber permeators

TECHNICAL DATA :
Overall capacity (m3/d) : 56400.0000
Seawater TDS (ppm) : 38750.0000
Sewater temperature (°c) :   18.0000
Permeator flow in standar condtions (m3/d) :    60.0000
TDS guideline (ppm) :    400.0000
Sewater Boron concentration (ppm) :
Boron guideline (ppm) :

ECONOMIC DATA :
Membrane lifetime (year) :    5.0000
Plant lifetime (year) :   20.0000
Interest rate (%) :     0.0800
Power cost ($/KWh) :     0.0600
B10 permeator cost ($/permeator) :
B9 permeator cost ($/permeator) :
Efficiency of pumps (%) :
Efficiency of turbines (%) :
Number of operators :
Average man-monthly salary ($) :
Rate of indirect capital costs (%) :
Plant laod factor (%) :    0.9500
Operating pressure (KPa) : 6850.0000
Overall recovery (%) :    0.4500
Unit water cost ($/m3) :
Poduct water TDS (ppm) :   275.0000
Boron concentration in product water (ppm) :
************************************************************************
                   PLANT PERFORMANCES : ONE STAGE DESIGN
                       SIMULATION BY "DESALTOP"
```

```
Prf($/m3)=           0.4733;  Cpt(ppm)=         482.6025;  Cptb(ppm)=            0.0000

Qpt(m3/j)=       56407.4117;  yt(%)=             45.0000;  Crt(ppm)=         70059.6889

Nme(1):modules=        1899;  Nme(2):modules=           0;  Nme(3):modules=            0

Pf(1)(KPa)=        6850.0000;  Pf(2)(KPa)=          0.0000;  Pf(3)(KPa)=           0.0000

ye(1)(%)=            45.0000;  ye(2)(%)=            0.0000;  ye(3)(%)=             0.0000

pr(1)(%)=           100.0000;  pr(2)(%)=            0.0000;  pr(3)(%)=             0.0000

Qp(1)(m3/j)=         29.7037;  Qp(2)(m3/j)=         0.0000;  Qp(3)(m3/j)=          0.0000

Qpe(1)(m3/j)=     56407.4117;  Qpe(2)(m3/j)=        0.0000;  Qpe(3)(m3/j)=         0.0000

Qre(1)(m3/j)=     68942.3921;  Qre(2)(m3/j)=        0.0000;  Qre(3)(m3/j)=         0.0000

Cp(1)(ppm)=         482.6025;  Cp(2)(ppm)=          0.0000;  Cp(3)(ppm)=           0.0000

Cr(1)(ppm)=       70059.6889;  Cr(2)(ppm)=          0.0000;  Cr(3)(ppm)=           0.0000
************************************************************************
```

```
************************************************************************
                   PLANT OPTTIMAL DESIGN BY DESALTOP
```

```
Prf($/m3)=           0.3771;  Cpt(ppm)=         248.7734;  Cptb(ppm)=            0.0000

Qpt(m3/j)=       56376.7695;  yt(%)=             36.9500;  Crt(ppm)=         61313.3675
```

Nme(1):modules=	1152;	Nme(2):modules=	0;	Nme(3):modules=	0
Pf(1)(KPa)=	9273.7122;	Pf(2)(KPa)=	0.0000;	Pf(3)(KPa)=	0.0000
ye(1)(%)=	36.9500;	ye(2)(%)=	0.0000;	ye(3)(%)=	0.0000
pr(1)(%)=	100.0000;	pr(2)(%)=	0.0000;	pr(3)(%)=	0.0000
Qp(1)(m3/j)=	48.9382;	Qp(2)(m3/j)=	0.0000;	Qp(3)(m3/j)=	0.0000
Qpe(1)(m3/j)=	56376.7695;	Qpe(2)(m3/j)=	0.0000;	Qpe(3)(m3/j)=	0.0000
Qre(1)(m3/j)=	96199.0613;	Qre(2)(m3/j)=	0.0000;	Qre(3)(m3/j)=	0.0000
Cp(1)(ppm)=	248.7734;	Cp(2)(ppm)=	0.0000;	Cp(3)(ppm)=	0.0000
Cr(1)(ppm)=	61313.3675;	Cr(2)(ppm)=	0.0000;	Cr(3)(ppm)=	0.0000

```
*******************************************************************
DESALINATION PLANT :King Faiçal Naval Base
CONTRY : Saudi Arabia (Jeddah)
NOTIFICATION : 1996,DW. for replace MSF plant, (conversion hollow fiber_spiral 2003)
SOURCE : Vashek Polasek and Al., Desalination 156(2003) 239-247
USED METHOD : existing plant
CONFIGURATION: One stage, without energy recovery
TYPE OF UTILISED MEMBRANES : Hollow fiber permeators

TECHNICAL DATA :
Overall capacity (m3/d)  :  7575.0000
Seawater TDS (ppm)  : 42295.0000
Sewater temperature (°c) :    30.0000
Permeator flow in standar condtions (m3/d) :     60.0000
TDS guideline (ppm)  :   500.0000
Sewater Boron concentration (ppm)  :
Boron guideline (ppm)  :

ECONOMIC DATA :
Membrane lifetime (year) :     5.0000
Plant lifetime (year)  :    20.0000
Interest rate (%)  :     0.0800
Power cost ($/KWh)  :     0.0600
B10 permeator cost ($/permeator) :
B9 permeator cost ($/permeator) :
Efficiency of pumps (%) :
Efficiency of turbines (%) :
Number of operators :
Average man-monthly salary ($) :
Rate of indirect capital costs (%) :
Plant laod factor (%) :     0.9500
Operating pressure (KPa) :  6200.0000
Overall recovery (%) :     0.3500
Unit water cost ($/m3) :
Poduct water TDS (ppm) :   415.0000
Boron concentration in product water (ppm) :
```

```
*******************************************************************
                PLANT PERFORMANCES : ONE STAGE DESIGN
                     SIMULATION BY "DESALTOP"
```

Prf($/m3)=	0.6433;	Cpt(ppm)=	702.4691;	Cptb(ppm)=	0.0000
Qpt(m3/j)=	7563.2705;	yt(%)=	35.0000;	Crt(ppm)=	64690.9782
Nme(1):modules=	317;	Nme(2):modules=	0;	Nme(3):modules=	0
Pf(1)(KPa)=	6200.0000;	Pf(2)(KPa)=	0.0000;	Pf(3)(KPa)=	0.0000
ye(1)(%)=	35.0000;	ye(2)(%)=	0.0000;	ye(3)(%)=	0.0000
pr(1)(%)=	100.0000;	pr(2)(%)=	0.0000;	pr(3)(%)=	0.0000
Qp(1)(m3/j)=	23.8589;	Qp(2)(m3/j)=	0.0000;	Qp(3)(m3/j)=	0.0000
Qpe(1)(m3/j)=	7563.2705;	Qpe(2)(m3/j)=	0.0000;	Qpe(3)(m3/j)=	0.0000
Qre(1)(m3/j)=	14046.0738;	Qre(2)(m3/j)=	0.0000;	Qre(3)(m3/j)=	0.0000
Cp(1)(ppm)=	702.4691;	Cp(2)(ppm)=	0.0000;	Cp(3)(ppm)=	0.0000
Cr(1)(ppm)=	64690.9782;	Cr(2)(ppm)=	0.0000;	Cr(3)(ppm)=	0.0000

```
*******************************************************************
                PLANT OPTTIMAL DESIGN BY DESALTOP
```

Prf($/m3)=	0.4823;	Cpt(ppm)=	317.7971;	Cptb(ppm)=	0.0000
Qpt(m3/j)=	7557.0119;	yt(%)=	37.2600;	Crt(ppm)=	67224.4004

Nme(1):modules=	172;	Nme(2):modules=	0;	Nme(3):modules=	0
Pf(1)(KPa)=	8273.7122;	Pf(2)(KPa)=	0.0000;	Pf(3)(KPa)=	0.0000
ye(1)(%)-	37.2600;	ye(2)(%)-	0.0000;	ye(3)(%)-	0.0000
pr(1)(%)-	100.0000;	pr(2)(%)-	0.0000;	pr(3)(%)-	0.0000
Qp(1)(m3/j)=	43.9361;	Qp(2)(m3/j)=	0.0000;	Qp(3)(m3/j)=	0.0000
Qpe(1)(m3/j)-	7557.0119;	Qpe(2)(m3/j)-	0.0000;	Qpe(3)(m3/j)-	0.0000
Qre(1)(m3/j)-	12724.8236;	Qre(2)(m3/j)-	0.0000;	Qre(3)(m3/j)-	0.0000
Cp(1)(ppm)=	317.7971;	Cp(2)(ppm)=	0.0000;	Cp(3)(ppm)=	0.0000
Cr(1)(ppm)-	67224.4004;	Cr(2)(ppm)-	0.0000;	Cr(3)(ppm)-	0.0000

****

DESALINATION PLANT :Larnaca
CONTRY : Cyprus
NOTIFICATION : 2001,Hydranautics study,USA (reduction of Boron concen.:<1ppm)
SOURCE : Mark Wilf and Kenneth Klinko, Desalination 138(2001) 299-306
USED METHOD : existing station
CONFIGURATION: double pass
TYPE OF UTILISED MEMBRANES : Hollow fiber permeators

TECHNICAL DATA :
Overall capacity (m3/d) : 40000.0000
Seawater TDS (ppm) : 40500.0000
Sewater temperature (°c) :   23.0000
Permeator flow in standar condtions (m3/d) :   49.2500
TDS guideline (ppm) : 500.0000
Sewater Boron concentration (ppm) :   4.7000
Boron guideline (ppm) :   1.0000

ECONOMIC DATA :
Membrane lifetime (year) :   5.0000
Plant lifetime (year) : 20.0000
Interest rate (%) :   0.0800
Power cost ($/KWh) :   0.0600
B10 permeator cost ($/permeator) :
B9 permeator cost ($/permeator) :
Efficiency of pumps (%) :   0.7800
Efficiency of turbines (%) :   0.7800
Number of operators :
Average man-monthly salary ($) :
Rate of indirect capital costs (%) :   0.2000
Plant laod factor (%) :
Operating pressure (KPa) :
Overall recovery (%) :
Unit water cost ($/m3) :   0.8300
Poduct water TDS (ppm) :
Boron concentration in product water (ppm) :

```
*****************************************************************
                    PLANT PERFORMANCES : ONE STAGE DESIGN
                         SIMULATION BY "DESALTOP"
```

Prf($/m3)=	0.4514;	Cpt(ppm)=	316.1133;	Cptb(ppm)=	1.9927
Cpt(m3/j)=	39986.1486;	yt(%)=	42.5000;	Crt(ppm)=	70201.1351
Nme(1):modules=	1098;	Nme(2):modules=	0;	Nme(3):modules=	0
Pf(1)(KPa)=	8274.0000;	Pf(2)(KPa)=	0.0000;	Pf(3)(KPa)=	0.0000
ye(1)(%)=	42.5000;	ye(2)(%)=	0.0000;	ye(3)(%)=	0.0000
pr(1)(%)=	100.0000;	pr(2)(%)=	0.0000;	pr(3)(%)=	0.0000
Qp(1)(m3/j)=	36.4173;	Qp(2)(m3/j)=	0.0000;	Qp(3)(m3/j)=	0.0000
Qpe(1)(m3/j)=	39986.1486;	Qpe(2)(m3/j)=	0.0000;	Qpe(3)(m3/j)=	0.0000
Qre(1)(m3/j)=	54098.9042;	Qre(2)(m3/j)=	0.0000;	Qre(3)(m3/j)=	0.0000
Cp(1)(ppm)=	316.1133;	Cp(2)(ppm)=	0.0000;	Cp(3)(ppm)=	0.0000
Cr(1)(ppm)=	70201.1351;	Cr(2)(ppm)=	0.0000;	Cr(3)(ppm)=	0.0000

```
*****************************************************************
                    PLANT OPTIMAL DESIGN BY DESALTOP
```

Prf($/m3)=	0.4441;	Cpt(ppm)=	267.7691;	Cptb(ppm)=	1.8050
Cpt(m3/j)=	39983.1877;	yt(%)=	35.1800;	Crt(ppm)=	62335.3885
Nme(1):modules=	1001;	Nme(2):modules=	0;	Nme(3):modules=	0
Pf(1)(KPa)=	8273.7122;	Pf(2)(KPa)=	0.0000;	Pf(3)(KPa)=	0.0000
ye(1)(%)=	35.1800;	ye(2)(%)=	0.0000;	ye(3)(%)=	0.0000
pr(1)(%)=	100.0000;	pr(2)(%)=	0.0000;	pr(3)(%)=	0.0000
Qp(1)(m3/j)=	39.9432;	Qp(2)(m3/j)=	0.0000;	Qp(3)(m3/j)=	0.0000
Qpe(1)(m3/j)=	39983.1877;	Qpe(2)(m3/j)=	0.0000;	Qpe(3)(m3/j)=	0.0000
Qre(1)(m3/j)=	73669.9894;	Qre(2)(m3/j)=	0.0000;	Qre(3)(m3/j)=	0.0000
Cp(1)(ppm)=	267.7691;	Cp(2)(ppm)=	0.0000;	Cp(3)(ppm)=	0.0000
Cr(1)(ppm)=	62335.3885;	Cr(2)(ppm)=	0.0000;	Cr(3)(ppm)=	0.0000

```
*****************************************************************
```

DESALINATION PLANT :Tajura
CONTRY : Libya
NOTIFICATION:2002,Tajura Res.Cent.:capacity improv.:50(1983) at 100% and quality:DW-IW
SOURCE : Ibrahim M.El-Azizi et Abdu Alazizi M.Omran, Desalination 153(2002) 273-279
USED METHOD : existing plant
CONFIGURATION: double pass
TYPE OF UTILISED MEMBRANES : spiral permeators

TECHNICAL DATA :
Overall capacity (m3/d) : 10000.0000
Seawater TDS (ppm) : 38000.0000
Sewater temperature (°c) :   25.0000
Permeator flow in standar condtions (m3/d) :
TDS guideline (ppm) :   200.0000
Sewater Boron concentration (ppm) :
Boron guideline (ppm) :

ECONOMIC DATA :
Membrane lifetime (year) :
Plant lifetime (year) :
Interest rate (%) :
Power cost ($/KWh) :

B10 permeator cost ($/permeator) :
B9 permeator cost ($/permeator) :
Efficiency of pumps (%) :   0.7600
Efficiency of turbines (%) :   0.7800
Number of operators :
Average man-monthly salary ($) :
Rate of indirect capital costs (%) :
Plant laod factor (%) :
Operating pressure (KPa) :
Overall recovery (%) :
Unit water cost ($/m3) :
Poduct water TDS (ppm) :   332.0000
Boron concentration in product water (ppm) :

```
************************************************************************
                  PLANT PERFORMANCES : ONE STAGE DESIGN
                      SIMULATION BY "DESALTOP"
```

Prf($/m3)=	0.4429;	Cpt(ppm)=	276.1539;	Cptb(ppm)=	0.0000
Qpt(m3/j)=	10005.1537;	yt(%)=	42.5000;	Crt(ppm)=	65882.8441
Nme(1):modules=	208;	Nme(2):modules=	0;	Nme(3):modules=	0
Pf(1)(KPa)=	8274.0000;	Pf(2)(KPa)=	0.0000;	Pf(3)(KPa)=	0.0000
ye(1)(%)=	42.5000;	ye(2)(%)=	0.0000;	ye(3)(%)=	0.0000
pr(1)(%)=	100.0000;	pr(2)(%)=	0.0000;	pr(3)(%)=	0.0000
Qp(1)(m3/j)=	48.1017;	Qp(2)(m3/j)=	0.0000;	Qp(3)(m3/j)=	0.0000
Qpe(1)(m3/j)=	10005.1537;	Qpe(2)(m3/j)=	0.0000;	Qpe(3)(m3/j)=	0.0000
Qre(1)(m3/j)=	13536.3837;	Qre(2)(m3/j)=	0.0000;	Qre(3)(m3/j)=	0.0000
Cp(1)(ppm)=	276.1539;	Cp(2)(ppm)=	0.0000;	Cp(3)(ppm)=	0.0000
Cr(1)(ppm)=	65882.8441;	Cr(2)(ppm)=	0.0000;	Cr(3)(ppm)=	0.0000

```
************************************************************************
```

```
************************************************************************
                  PLANT OPTTIMAL DESIGN BY DESALTOP
```

Prf($/m3)=	0.4593;	Cpt(ppm)=	199.9460;	Cptb(ppm)=	0.0000
Qpt(m3/j)=	10005.8606;	yt(%)=	36.8729;	Crt(ppm)=	60079.2569
Nme(1):modules=	197;	Nme(2):modules=	36;	Nme(3):modules=	8
Pf(1)(KPa)=	8266.8174;	Pf(2)(KPa)=	2744.1145;	Pf(3)(KPa)=	2730.3250
ye(1)(%)=	37.1100;	ye(2)(%)=	79.2300;	ye(3)(%)=	79.3300
pr(1)(%)=	77.9600;	pr(2)(%)=	1.4500;	pr(3)(%)=	0.2300
Qp(1)(m3/j)=	51.1177;	Qp(2)(m3/j)=	49.6421;	Qp(3)(m3/j)=	45.2007
Qpe(1)(m3/j)=	10070.1918;	Qpe(2)(m3/j)=	1787.1157;	Qpe(3)(m3/j)=	361.6059
Qre(1)(m3/j)=	17065.8681;	Qre(2)(m3/j)=	432.3546;	Qre(3)(m3/j)=	64.4795
Cp(1)(ppm)=	245.9878;	Cp(2)(ppm)=	16.3324;	Cp(3)(ppm)=	87.5835
Cr(1)(ppm)=	60277.8088;	Cr(2)(ppm)=	1195.2564;	Cr(3)(ppm)=	7407.1669

```
************************************************************************
```

```
DESALINATION PLANT :Eilat1
CONTRY : Israel
NOTIFICATION : 1997,Hydranautics study,USA (feed:blend water redsea-brackishwater)
SOURCE : Mark Wilf and Kenneth Klinko, Desalination 138(2001) 299-306
USED METHOD : existing plant
CONFIGURATION: One stage
TYPE OF UTILISED MEMBRANES : Hollow fiber permeators


TECHNICAL DATA :
Overall capacity (m3/d) : 20000.0000
Seawater TDS (ppm) : 36000.0000
Sewater temperature (°c) :    23.0000
Permeator flow in standar condtions (m3/d) :     49.2500
TDS guideline (ppm) :    400.0000
Sewater Boron concentration (ppm) :
Boron guideline (ppm) :


ECONOMIC DATA :
Membrane lifetime (year) :     5.0000
Plant lifetime (year) :    20.0000
Interest rate (%) :      0.0800
Power cost ($/KWh) :     0.0600
B10 permeator cost ($/permeator) :
B9 permeator cost ($/permeator) :
Efficiency of pumps (%) :     0.7800
Efficiency of turbines (%) :     0.7800
Number of operators :
Average man-monthly salary ($) :
Rate of indirect capital costs (%) :     0.2000
Plant laod factor (%) :
Operating pressure (KPa) :
Overall recovery (%) :     0.5000
Unit water cost ($/m3) :     0.7200
Poduct water TDS (ppm) :
Boron concentration in product water (ppm) :
```

```
****************************************************************
                  PLANT PERFORMANCES : ONE STAGE DESIGN
                        SIMULATION BY "DESALTOP"
```

Prf($/m3)=	0.4592;	Cpt(ppm)=	296.9818;	Cptb(ppm)=	0.0000
Qpt(m3/j)=	19987.7453;	yt(%)=	50.0000;	Crt(ppm)=	71703.0182
Nme(1):modules=	529;	Nme(2):modules=	0;	Nme(3):modules=	0
Pf(1)(KPa)=	8275.8604;	Pf(2)(KPa)=	0.0000;	Pf(3)(KPa)=	0.0000
ye(1)(%)=	50.0000;	ye(2)(%)=	0.0000;	ye(3)(%)=	0.0000
pr(1)(%)=	100.0000;	pr(2)(%)=	0.0000;	pr(3)(%)=	0.0000
Qp(1)(m3/j)=	37.7840;	Qp(2)(m3/j)=	0.0000;	Qp(3)(m3/j)=	0.0000
Qpe(1)(m3/j)=	19987.7453;	Qpe(2)(m3/j)=	0.0000;	Qpe(3)(m3/j)=	0.0000
Qre(1)(m3/j)=	19987.7453;	Qre(2)(m3/j)=	0.0000;	Qre(3)(m3/j)=	0.0000
Cp(1)(ppm)=	296.9818;	Cp(2)(ppm)=	0.0000;	Cp(3)(ppm)=	0.0000
Cr(1)(ppm)=	71703.0182;	Cr(2)(ppm)=	0.0000;	Cr(3)(ppm)=	0.0000

```
****************************************************************
```

```
****************************************************************
                        PLANT OPTTIMAL DESIGN
```

Prf($/m3)=	0.4474;	Cpt(ppm)=	231.7642;	Cptb(ppm)=	0.0000
Qpt(m3/j)=	19991.8399;	yt(%)=	40.0000;	Crt(ppm)=	59845.4905

```
Nme(1) :modules=        464;  Nme(2) :modules=        0;  Nme(3) :modules=        0

Pf(1)(KPa)=        8273.7122;  Pf(2)(KPa)=        0.0000;  Pf(3)(KPa)=        0.0000

ye(1)(%)=             40.0000;  ye(2)(%)=          0.0000;  ye(3)(%)=          0.0000

pr(1)(%)=            100.0000;  pr(2)(%)=          0.0000;  pr(3)(%)=          0.0000

Qp(1)(m3/j)=          43.0859;  Qp(2)(m3/j)=       0.0000;  Qp(3)(m3/j)=       0.0000

Qpe(1)(m3/j)=      19991.8399;  Qpe(2)(m3/j)=      0.0000;  Qpe(3)(m3/j)=      0.0000

Qre(1)(m3/j)=      29987.7599;  Qre(2)(m3/j)=      0.0000;  Qre(3)(m3/j)=      0.0000

Cp(1)(ppm)=          231.7642;  Cp(2)(ppm)=        0.0000;  Cp(3)(ppm)=        0.0000

Cr(1)(ppm)=        59845.4905;  Cr(2)(ppm)=        0.0000;  Cr(3)(ppm)=        0.0000
**********************************************************************
```

DESALINATION PLANT :_
CONTRY : China
NOTIFICATION : 2003, the greatest plant in the world, RO-HTR300
SOURCE : Li Tian and Al., Desalination 157(2003) 253-258
USED METHOD : senarios simulation on 'DEEP2.0' Program developed by IAEA
CONFIGURATION: One stage (cogeneration project)
TYPE OF UTILISED MEMBRANES : Hollow fiber permeators

TECHNICAL DATA :
Overall capacity (m3/d) :504000.0000
Seawater TDS (ppm) : 38500.0000
Sewater temperature (°c) :   20.0000
Permeator flow in standar condtions (m3/d) :
TDS guideline (ppm) :
Sewater Boron concentration (ppm) :
Boron guideline (ppm) :

ECONOMIC DATA :
Membrane lifetime (year) :
Plant lifetime (year) :   40.0000
Interest rate (%) :   0.0300
Power cost ($/KWh) :   0.0280
B10 permeator cost ($/permeator) :
B9 permeator cost ($/permeator) :
Efficiency of pumps (%) :
Efficiency of turbines (%) :
Number of operators :   77.0000
Average man-monthly salary ($) :   86.5000
Rate of indirect capital costs (%) :
Plant laod factor (%) :
Operating pressure (KPa) :
Overall recovery (%) :
Unit water cost ($/m3) :   0.4200
Poduct water TDS (ppm) :
Boron concentration in product water (ppm) :

```
**************************************************************
              PLANT PERFORMANCES : ONE STAGE DESIGN
                     SIMULATION BY "DESALTOP"
```

Prf($/m3)=	0.2246;	Cpt(ppm)=	278.7751;	Cptb(ppm)=	0.0000
Qpt(m3/j)=	504023.0093;	yt(%)=	42.5000;	Crt(ppm)=	66750.4720
Nme(1):modules=	10754;	Nme(2):modules=	0;	Nme(3):modules=	0
Pf(1)(KPa)=	8274.0000;	Pf(2)(KPa)=	0.0000;	Pf(3)(KPa)=	0.0000
ye(1)(%)=	42.5000;	ye(2)(%)=	0.0000;	ye(3)(%)=	0.0000
pr(1)(%)=	100.0000;	pr(2)(%)=	0.0000;	pr(3)(%)=	0.0000
Qp(1)(m3/j)=	46.8684;	Qp(2)(m3/j)=	0.0000;	Qp(3)(m3/j)=	0.0000
Qpe(1)(m3/j)=	504023.0093;	Qpe(2)(m3/j)=	0.0000;	Qpe(3)(m3/j)=	0.0000
Qre(1)(m3/j)=	681913.4498;	Qre(2)(m3/j)=	0.0000;	Qre(3)(m3/j)=	0.0000
Cp(1)(ppm)=	278.7751;	Cp(2)(ppm)=	0.0000;	Cp(3)(ppm)=	0.0000
Cr(1)(ppm)=	66750.4720;	Cr(2)(ppm)=	0.0000;	Cr(3)(ppm)=	0.0000

```
**************************************************************


**************************************************************
              PLANT OPTIMAL DESIGN BY DESALTOP
```

Prf($/m3)=	0.2154;	Cpt(ppm)=	215.6676;	Cptb(ppm)=	0.0000
Qpt(m3/j)=	504032.4026;	yt(%)=	29.0898;	Crt(ppm)=	54205.5274
Nme(1):modules=	9446;	Nme(2):modules=	1;	Nme(3):modules=	0
Pf(1)(KPa)=	8273.7122;	Pf(2)(KPa)=	2695.8512;	Pf(3)(KPa)=	0.0000
ye(1)(%)=	29.0900;	ye(2)(%)=	56.2400;	ye(3)(%)=	0.0000
pr(1)(%)=	99.9900;	pr(2)(%)=	47.8900;	pr(3)(%)=	0.0000
Qp(1)(m3/j)=	53.3598;	Qp(2)(m3/j)=	42.8403;	Qp(3)(m3/j)=	0.0000
Qpe(1)(m3/j)=	504036.3439;	Qpe(2)(m3/j)=	42.8403;	Qpe(3)(m3/j)=	0.0000
Qre(1)(m3/j)=	1228642.7344;	Qre(2)(m3/j)=	7.5633;	Qre(3)(m3/j)=	0.0000
Cp(1)(ppm)=	215.6767;	Cp(2)(ppm)=	8.1685;	Cp(3)(ppm)=	0.0000
Cr(1)(ppm)=	54205.6968;	Cr(2)(ppm)=	1391.0502;	Cr(3)(ppm)=	0.0000

```
**************************************************************
```

DESALINATION PLANT : Cap Djannat
CONTRY : Algeria
NOTIFICATION : 2002, Optimization of an existing plant
SOURCE :.Metaiche and A.Kettab, Int.J.Nuclear Desalination Vol.1,N°4 (2005)456-465
USED METHOD : optimization by gradient method
CONFIGURATION: One stage
TYPE OF UTILISED MEMBRANES : Hollow fiber permeators

TECHNICAL DATA :
Overall capacity (m3/d) : 4000.0000
Seawater TDS (ppm) : 37927.0000
Sewater temperature (°c) : 19.0000
Permeator flow in standar condtions (m3/d) : 60.0000
TDS guideline (ppm) : 500.0000
Sewater Boron concentration (ppm) :
Boron guideline (ppm) :

ECONOMIC DATA :
Membrane lifetime (year) : 5.0000
Plant lifetime (year) : 20.0000
Interest rate (%) : 0.0800
Power cost ($/KWh) : 0.6000
B10 permeator cost ($/permeator) : 9512.0000
B9 permeator cost ($/permeator) : 3500.4000
Efficiency of pumps (%) : 0.8000
Efficiency of turbines (%) : 0.8000
Number of operators : 15.0000
Average man-monthly salary ($) : 150.0000
Rate of indirect capital costs (%) : 0.1500
Plant laod factor (%) : 1.0000
Operating pressure (KPa) : 8274.0000
Overall recovery (%) : 0.4250
Unit water cost ($/m3) : 0.5100
Poduct water TDS (ppm) : 269.0000
Boron concentration in product water (ppm) :

```
**********************************************************************
                      PLANT PERFORMANCES : ONE STAGE DESIGN
                          SIMULATION BY "DESALTOP"
```

Prf($/m3) =	0.5141;	Cpt(ppm) =	268.9217;	Cptb(ppm) =	0.0000
Qpt(m3/j) =	3983.7651;	yt(%) =	42.5000;	Crt(ppm) =	65761.2318
Nme(1):modules=	84;	Nme(2):modules=	0;	Nme(3):modules=	0
Pf(1)(KPa) =	8274.0000;	Pf(2)(KPa) =	0.0000;	Pf(3)(KPa) =	0.0000
ye(1)(%) =	42.5000;	ye(2)(%) =	0.0000;	ye(3)(%) =	0.0000
pr(1)(%) =	100.0000;	pr(2)(%) =	0.0000;	pr(3)(%) =	0.0000
Qp(1)(m3/j) =	47.4258;	Qp(2)(m3/j) =	0.0000;	Qp(3)(m3/j) =	0.0000
Qpe(1)(m3/j) =	3983.7651;	Qpe(2)(m3/j) =	0.0000;	Qpe(3)(m3/j) =	0.0000
Qre(1)(m3/j) =	5389.7998;	Qre(2)(m3/j) =	0.0000;	Qre(3)(m3/j) =	0.0000
Cp(1)(ppm) =	268.9217;	Cp(2)(ppm) =	0.0000;	Cp(3)(ppm) =	0.0000
Cr(1)(ppm) =	65761.2318;	Cr(2)(ppm) =	0.0000;	Cr(3)(ppm) =	0.0000

```
**********************************************************************
```

```
**********************************************************************
                          PLANT OPTIMAL DESIGN
```

Prf($/m3) =	0.5162;	Cpt(ppm) =	254.3171;	Cptb(ppm) =	0.0000
Qpt(m3/j) =	4004.4213;	yt(%) =	40.0000;	Crt(ppm) =	63042.1220
Nme(1):modules=	92;	Nme(2):modules=	0;	Nme(3):modules=	0
Pf(1)(KPa) =	8273.7122;	Pf(2)(KPa) =	0.0000;	Pf(3)(KPa) =	0.0000
ye(1)(%) =	40.0000;	ye(2)(%) =	0.0000;	ye(3)(%) =	0.0000
pr(1)(%) =	100.0000;	pr(2)(%) =	0.0000;	pr(3)(%) =	0.0000
Qp(1)(m3/j) =	48.0344;	Qp(2)(m3/j) =	0.0000;	Qp(3)(m3/j) =	0.0000
Qpe(1)(m3/j) =	4004.4213;	Qpe(2)(m3/j) =	0.0000;	Qpe(3)(m3/j) =	0.0000
Qre(1)(m3/j) =	6006.6320;	Qre(2)(m3/j) =	0.0000;	Qre(3)(m3/j) =	0.0000
Cp(1)(ppm) =	254.3171;	Cp(2)(ppm) =	0.0000;	Cp(3)(ppm) =	0.0000
Cr(1)(ppm) =	63042.1220;	Cr(2)(ppm) =	0.0000;	Cr(3)(ppm) =	0.0000

```
**********************************************************************
```

DESALINATION PLANT :_
CONTRY : Kuwait
NOTIFICATION : 1989, studu of Water Resources Development Centre
SOURCE : A.A.J.Al-Zubaidi, Desalination 76(1989) 241-280
USED METHOD : optimisation by senarios analysis
CONFIGURATION: two stages placed on the pass wich monted on the first stage
TYPE OF UTILISED MEMBRANES : Hollow fiber permeators

TECHNICAL DATA :
Overall capacity (m3/d) : 4546.0000
Seawater TDS (ppm) : 44885.0000
Sewater temperature (°c) : 24.5000
Permeator flow in standar condtions (m3/d) : 18.9000
TDS guideline (ppm) : 200.0000
Sewater Boron concentration (ppm) :
Boron guideline (ppm) :

ECONOMIC DATA :
Membrane lifetime (year) : 5.0000
Plant lifetime (year) : 20.0000
Interest rate (%) : 0.0800
Power cost ($/KWh) : 0.0690
B10 permeator cost ($/permeator) : 5410.0000
B9 permeator cost ($/permeator) : 3150.0000
Efficiency of pumps (%) :
Efficiency of turbines (%) :
Number of operators : 20.0000
Average man-monthly salary ($) : 1380.0000
Rate of indirect capital costs (%) : 0.1500
Plant laod factor (%) : 0.8500
Operating pressure (KPa) :
Overall recovery (%) :
Unit water cost ($/m3) : 2.1210
Poduct water TDS (ppm) :
Boron concentration in product water (ppm) :

```
*******************************************************************
                 PLANT PERFORMANCES : ONE STAGE DESIGN
                       SIMULATION BY "DESALTOP"
```

Prf($/m3)=	0.8470;	Cpt(ppm)=	413.2867;	Cptb(ppm)=	0.0000
Qpt(m3/j)=	4542.0065;	yt(%)=	42.5000;	Crt(ppm)=	77755.3984
Nme(1):modules=	382;	Nme(2):modules=	0;	Nme(3):modules=	0
Pf(1)(KPa)=	8274.0000;	Pf(2)(KPa)=	0.0000;	Pf(3)(KPa)=	0.0000
ye(1)(%)=	42.5000;	ye(2)(%)=	0.0000;	ye(3)(%)=	0.0000
pr(1)(%)=	100.0000;	pr(2)(%)=	0.0000;	pr(3)(%)=	0.0000
Qp(1)(m3/j)=	11.8901;	Qp(2)(m3/j)=	0.0000;	Qp(3)(m3/j)=	0.0000
Qpe(1)(m3/j)=	4542.0065;	Qpe(2)(m3/j)=	0.0000;	Qpe(3)(m3/j)=	0.0000
Qre(1)(m3/j)=	6145.0673;	Qre(2)(m3/j)=	0.0000;	Qre(3)(m3/j)=	0.0000
Cp(1)(ppm)=	413.2867;	Cp(2)(ppm)=	0.0000;	Cp(3)(ppm)=	0.0000
Cr(1)(ppm)=	77755.3984;	Cr(2)(ppm)=	0.0000;	Cr(3)(ppm)=	0.0000

```
*******************************************************************
```

```
*******************************************************************
                  PLANT OPTTIMAL DESIGN BY DESALTOP
```

Prf($/m3)=	0.8869;	Cpt(ppm)=	199.9610;	Cptb(ppm)=	0.0000
Qpt(m3/j)=	4527.2149;	yt(%)=	25.0938;	Crt(ppm)=	59854.6596

Nme(1):modules=	307;	Nme(2):modules=	79;	Nme(3):modules=	17
Pf(1)(KPa)=	8273.7122;	Pf(2)(KPa)=	2757.9041;	Pf(3)(KPa)=	2757.9041
ye(1)(%)=	25.5300;	ye(2)(%)=	79.6400;	ye(3)(%)=	78.7100
pr(1)(%)=	66.4700;	pr(2)(%)=	0.0400;	pr(3)(%)=	0.0500
Qp(1)(m3/j)=	15.0029;	Qp(2)(m3/j)=	15.5038;	Qp(3)(m3/j)=	14.1592
Qpe(1)(m3/j)=	4605.9016;	Qpe(2)(m3/j)=	1224.7985;	Qpe(3)(m3/j)=	240.7064
Qre(1)(m3/j)=	13435.2327;	Qre(2)(m3/j)=	319.5603;	Qre(3)(m3/j)=	78.7261
Cp(1)(ppm)=	280.8680;	Cp(2)(ppm)=	18.8635;	Cp(3)(ppm)=	91.0419
Cr(1)(ppm)=	60176.3051;	Cr(2)(ppm)=	1285.0686;	Cr(3)(ppm)=	4935.8278

****

DESALINATION PLANT :_
CONTRY : Israel
NOTIFICATION : 1998, stydy of Mekorot Water compagnie (on mediterranean sea)
SOURCE : P.Glueckstern and M.Priel, Desalination 119(1998) 33-45
USED METHOD : optimisation by scnarios analysis
CONFIGURATION: One stage
TYPE OF UTILISED MEMBRANES : Hollow fiber permeators

TECHNICAL DATA :
Overall capacity (m3/d) :
Scawater TDS (ppm) : 38750.0000
Sewater temperature (°c) : 30.0000
Permeator flow in standar condtions (m3/d) : 65.6600
TDS guideline (ppm) :
Sewater Boron concentration (ppm) :
Boron guideline (ppm) :

ECONOMIC DATA :
Membrane lifetime (year) : 5.0000
Plant lifetime (year) : 25.0000
Interest rate (%) : 0.0550
Power cost ($/KWh) : 0.0450
B10 permeator cost ($/permeator) :
B9 permeator cost ($/permeator) :
Efficiency of pumps (%) : 0.8440
Efficiency of turbines (%) : 0.8660
Number of operators : 35.0000
Average man-monthly salary ($) : 3333.3000
Rate of indirect capital costs (%) : 0.2500
Plant laod factor (%) : 1.0000
Operating pressure (KPa) : 6930.0000
Overall recovery (%) : 0.5000
Unit water cost ($/m3) :
Poduct water TDS (ppm) : 415.0000
Boron concentration in product water (ppm) : 0.4938

```
*******************************************************************
                  PLANT PERFORMANCES : ONE STAGE DESIGN
                      SIMULATION BY "DESALTOP"
```

Prf($/m3)=	0.4117;	Cpt(ppm)=		628.0518;	Cptb(ppm)=	0.0000
Qpt(m3/j)=	227091.7836;	yt(%)=		50.0000;	Crt(ppm)=	76871.9482
Nme(1):modules=	7708;	Nme(2):modules=		0;	Nme(3):modules=	0
Pf(1)(KPa)=	6930.0000;	Pf(2)(KPa)=		0.0000;	Pf(3)(KPa)=	0.0000
ye(1)(%)=	50.0000;	ye(2)(%)=		0.0000;	ye(3)(%)=	0.0000
pr(1)(%)=	100.0000;	pr(2)(%)=		0.0000;	pr(3)(%)=	0.0000
Qp(1)(m3/j)=	29.4618;	Qp(2)(m3/j)=		0.0000;	Qp(3)(m3/j)=	0.0000
Qpe(1)(m3/j)=	227091.7836;	Qpe(2)(m3/j)=		0.0000;	Qpe(3)(m3/j)=	0.0000
Qre(1)(m3/j)=	227091.7836;	Qre(2)(m3/j)=		0.0000;	Qre(3)(m3/j)=	0.0000
Cp(1)(ppm)=	628.0518;	Cp(2)(ppm)=		0.0000;	Cp(3)(ppm)=	0.0000
Cr(1)(ppm)=	76871.9482;	Cr(2)(ppm)=		0.0000;	Cr(3)(ppm)=	0.0000

```
*******************************************************************
```

```
*******************************************************************
                  PLANT OPTTIMAL DESIGN BY DESALTOP
```

Prf($/m3)=	0.3040;	Cpt(ppm)=		243.5407;	Cptb(ppm)=	0.0000
Qpt(m3/j)=	227103.4315;	yt(%)=		33.6900;	Crt(ppm)=	58313.9061
Nme(1):modules=	4078;	Nme(2):modules=		1;	Nme(3):modules=	1
Pf(1)(KPa)=	8273.7122;	Pf(2)(KPa)=		2751.0093;	Pf(3)(KPa)=	2640.6931
ye(1)(%)=	33.6900;	ye(2)(%)=		11.0500;	ye(3)(%)=	49.7900
pr(1)(%)=	99.0100;	pr(2)(%)=		84.3400;	pr(3)(%)=	38.2600
Qp(1)(m3/j)=	55.6899;	Qp(2)(m3/j)=		57.6220;	Qp(3)(m3/j)=	58.5487
Qpe(1)(m3/j)=	227103.4316;	Qpe(2)(m3/j)=		57.6220;	Qpe(3)(m3/j)=	58.5487
Qre(1)(m3/j)=	446994.0204;	Qre(2)(m3/j)=		373.8745;	Qre(3)(m3/j)=	0.0000
Cp(1)(ppm)=	243.5837;	Cp(2)(ppm)=		6.1496;	Cp(3)(ppm)=	9.9435
Cr(1)(ppm)=	58313.8843;	Cr(2)(ppm)=		280.1773;	Cr(3)(ppm)=	534817638.9585

```
*******************************************************************
```

```
DESALINATION PLANT :Eilat2
CONTRY : Israel
NOTIFICATION : 2001, Hydranautics study,USA (renforcing of Eilat1 project)
SOURCE : Mark Wilf and Kenneth Klinko, Desalination 138(2001) 299-306
USED METHOD : plant under design
CONFIGURATION: One stage
TYPE OF UTILISED MEMBRANES : Hollow fiber perneators


TECHNICAL DATA :
Overall capacity (m3/d) : 20000.0000
Seawater TDS (ppm) : 42000.0000
Sewater temperature (°c) :    23.0000
Permeator flow in standar condtions (m3/d) :    49.2500
TDS guideline (ppm) :   400.0000
Sewater Boron concentration (ppm) :
Boron guideline (ppm) :


ECONOMIC DATA :
Membrane lifetime (year) :      5.0000
Plant lifetime (year) :    20.0000
Interest rate (%) :      0.0800
Power cost ($/KWh) :      0.0600
B10 permeator cost ($/permeator) :
B9 permeator cost ($/permeator) :
Efficiency of pumps (%) :      0.7800
Efficiency of turbines (%) :      0.7800
Number of operators :
Average man-monthly salary ($) :
Rate of indirect capital costs (%) :      0.2000
Plant laod factor (%) :
Operating pressure (KPa) :
Overall recovery (%) :      0.4500
Unit water cost ($/m3) :      0.8100
Poduct water TDS (ppm) :
Boron concentration in product water (ppm) :
```

```
*********************************************************************
                    PLANT PERFORMANCES : ONE STAGE DESIGN
                          SIMULATION BY "DESALTOP"
```

Prf($/m3)=	0.4981;	Opt(ppm)=	371.0103;	Optb(ppm)=	0.0000
Opt(m3/j)=	20002.7393;	yt(%)=	45.0000;	Crt(ppm)=	76060.0825
Nme(1):modules=	605;	Nme(2):modules=	0;	Nme(3):modules=	0
Pf(1)(KPa)=	8274.0000;	Pf(2)(KPa)=	0.0000;	Pf(3)(KPa)=	0.0000
ye(1)(%)=	45.0000;	ye(2)(%)=	0.0000;	ye(3)(%)=	0.0000
pr(1)(%)=	100.0000;	pr(2)(%)=	0.0000;	pr(3)(%)=	0.0000
Qp(1)(m3/j)=	33.0624;	Qp(2)(m3/j)=	0.0000;	Qp(3)(m3/j)=	0.0000
Qpe(1)(m2/j)=	20002.7393;	Qpe(2)(m3/j)=	0.0000;	Qpe(3)(m3/j)=	0.0000
Qre(1)(m3/j)=	24447.7925;	Qre(2)(m3/j)=	0.0000;	Qre(3)(m3/j)=	0.0000
Op(1)(ppm)=	371.0103;	Op(2)(ppm)=	0.0000;	Op(3)(ppm)=	0.0000
Cr(1)(ppm)=	76060.0825;	Cr(2)(ppm)=	0.0000;	Cr(3)(ppm)=	0.0000

```
*********************************************************************
```

```
*********************************************************************
                    PLANT OPTIIMAL DESIGN BY DESALTOP
```

Prf($/m3)=	0.4823;	Opt(ppm)=	285.1057;	Optb(ppm)=	0.0000
Opt(m3/j)=	19988.5527;	yt(%)=	34.3700;	Crt(ppm)=	63845.8162

```
Nme(1);modules=          518;   Nme(2);modules=           0;   Nme(3);modules=           0
Pf(1)(KPa)=         8273.7122;   Pf(2)(KPa)=          0.0000;   Pf(3)(KPa)=          0.0000
ye(1)(%)=             34.3700;   ye(2)(%)=            0.0000;   ye(3)(%)=            0.0000
pr(1)(%)=            100.0000;   pr(2)(%)=            0.0000;   pr(3)(%)=            0.0000
Qp(1)(m3/j)=          38.5879;   Qp(2)(m3/j)=         0.0000;   Qp(3)(m3/j)=         0.0000
Qpe(1)(m3/j)=      19988.5527;   Qpe(2)(m3/j)=        0.0000;   Qpe(3)(m3/j)=        0.0000
Qre(1)(m3/j)=      38168.4234;   Qre(2)(m3/j)=        0.0000;   Qre(3)(m3/j)=        0.0000
Cp(1)(ppm)=          285.1057;   Cp(2)(ppm)=          0.0000;   Cp(3)(ppm)=          0.0000
Cr(1)(ppm)=        63845.8162;   Cr(2)(ppm)=          0.0000;   Cr(3)(ppm)=          0.0000
***********************************************************************
```

DESALINATION PLANT :_

CONTRY : Singapore
NOTIFICATION : dessalination for drinking water
SOURCE : A.Malek and Al., Desalination 105(1996) 245-261
USED METHOD : optimisation by senarios analysis
CONFIGURATION: One stage
TYPE OF UTILISED MEMBRANES : Hollow fiber permeators

TECHNICAL DATA :
Overall capacity (m3/d) : 4500.0000
Seawater TDS (ppm) : 35000.0000
Sewater temperature (°c) :   28.0000
Permeator flow in standar condtions (m3/d) :   5.0000
TDS guideline (ppm) : 500.0000
Sewater Boron concentration (ppm) :
Boron guideline (ppm) :

ECONOMIC DATA :
Membrane lifetime (year) :   5.0000
Plant lifetime (year) :   15.0000
Interest rate (%) :   0.0300
Power cost ($/KWh) :   0.0600
B10 permeator cost ($/permeator) : 4500.0000
B9 permeator cost ($/permeator) :
Efficiency of pumps (%) :   0.7400
Efficiency of turbines (%) :   0.6700
Number of operators :
Average man-monthly salary ($) :
Rate of indirect capital costs (%) :   0.2700
Plant laod factor (%) :   0.8500
Operating pressure (KPa) : 6205.0000
Overall recovery (%) :   0.3200
Unit water cost ($/m3) :   1.4070
Poduct water TDS (ppm) :
Boron concentration in product water (ppm) :

```
**********************************************************************
                PLANT PERFORMANCES : ONE STAGE DESIGN
                     SIMULATION BY "DESALTOP"
```

Prf($/m3) =	1.4849;	Cpt(ppm) =	349.6876;	Cptb(ppm) =	0.0000
Qpt(m3/j) =	4500.6007;	yt(%) =	32.0000;	Crt(ppm) =	51306.0293
Nme(1):modules=	1400;	Nme(2):modules=	0;	Nme(3):modules=	0
Pf(1)(KPa) =	6205.0000;	Pf(2)(KPa) =	0.0000;	Pf(3)(KPa) =	0.0000
ye(1)(%) =	32.0000;	ye(2)(%) =	0.0000;	ye(3)(%) =	0.0000
pr(1)(%) =	100.0000;	pr(2)(%) =	0.0000;	pr(3)(%) =	0.0000
Qp(1)(m3/j) =	3.2147;	Qp(2)(m3/j) =	0.0000;	Qp(3)(m3/j) =	0.0000
Qpe(1)(m3/j) =	4500.6007;	Qpe(2)(m3/j) =	0.0000;	Qpe(3)(m3/j) =	0.0000
Qre(1)(m3/j) =	9563.7765;	Qre(2)(m3/j) =	0.0000;	Qre(3)(m3/j) =	0.0000
Cp(1)(ppm) =	349.6876;	Cp(2)(ppm) =	0.0000;	Cp(3)(ppm) =	0.0000
Cr(1)(ppm) =	51306.0293;	Cr(2)(ppm) =	0.0000;	Cr(3)(ppm) =	0.0000

```
**********************************************************************
```

```
**********************************************************************
                PLANT OPTTIMAL DESIGN BY DESALTO2
```

Prf($/m3) =	1.0907;	Cpt(ppm) =	176.8549;	Cptb(ppm) =	0.0000
Qpt(m3/j) =	4497.8803;	yt(%) =	26.4300;	Crt(ppm) =	47510.2042
Nme(1):modules=	901;	Nme(2):modules=	0;	Nme(3):modules=	0
Pf(1)(KPa) =	8273.7122;	Pf(2)(KPa) =	0.0000;	Pf(3)(KPa) =	0.0000
ye(1)(%) =	26.4300;	ye(2)(%) =	0.0000;	ye(3)(%) =	0.0000
pr(1)(%) =	100.0000;	pr(2)(%) =	0.0000;	pr(3)(%) =	0.0000
Qp(1)(m3/j) =	4.9921;	Qp(2)(m3/j) =	0.0000;	Qp(3)(m3/j) =	0.0000
Qpe(1)(m3/j) =	4497.8803;	Qpe(2)(m3/j) =	0.0000;	Qpe(3)(m3/j) =	0.0000
Qre(1)(m3/j) =	12520.2064;	Qre(2)(m3/j) =	0.0000;	Qre(3)(m3/j) =	0.0000
Cp(1)(ppm) =	176.8549;	Cp(2)(ppm) =	0.0000;	Cp(3)(ppm) =	0.0000
Cr(1)(ppm) =	47510.2042;	Cr(2)(ppm) =	0.0000;	Cr(3)(ppm) =	0.0000

```
**********************************************************************
```

```
DESALINATION PLANT : _
CONTRY : Singapore
NOTIFICATION : dessalination for drinking water
SOURCE : A.Malek and Al., Desalination 105(1996) 245-261
USED METHOD : optimisation by senarios analysis
CONFIGURATION: two stages
TYPE OF UTILISED MEMBRANES : Hollow fiber permeators

TECHNICAL DATA :
Overall capacity (m3/d) :   4500.0000
Seawater TDS (ppm) : 35000.0000
Sewater temperature (°c) :    28.0000
Permeator flow in standar condtions (m3/d) :      5.0000
TDS guideline (ppm) :    500.0000
Sewater Boron concentration (ppm) :
Boron guideline (ppm) :

ECONOMIC DATA :
Membrane lifetime (year) :     5.0000
Plant lifetime (year) :    15.0000
Interest rate (%) :     0.0300
Power cost ($/KWh) :      0.0540
B10 permeator cost ($/permeator) :   4500.0000
B9 permeator cost ($/permeator) :
Efficiency of pumps (%) :     0.7400
Efficiency of turbines (%) :      0.6700
Number of operators :
Average man-monthly salary ($) :
Rate of indirect capital costs (%) :      0.2700
Plant laod factor (%) :      0.8500
Operating pressure (KPa) :   6205.0000
Overall recovery (%) :
Unit water cost ($/m3) :      1.3830
Poduct water TDS (ppm) :
Boron concentration in product water (ppm) :
```

```
******************************************************************
                 PLANT PERFORMANCES : ONE STAGE DESIGN
                       SIMULATION BY "DESALTOP"
```

Prf ($/m3)=	1.6920;	Cpt (ppm)=	463.4482;	Cptb (ppm)=		0.0000
Qpt (m3/j)=	4499.6378;	yt (%)=	42.5000;	Crt (ppm)=		60527.0178
Nme (1) :modules=	1677;	Nme (2) :modules=	0;	Nme (3) :modules=		0
Pf (1) (KPa) =	6205.0000;	Pf (2) (KPa) =	0.0000;	Pf (3) (KPa) =		0.0000
ye (1) (%) =	42.5000;	ye (2) (%) =	0.0000;	ye (3) (%) =		0.0000
pr (1) (%) =	100.0000;	pr (2) (%) =	0.0000;	pr (3) (%) =		0.0000
Qp (1) (m3/j) =	2.6831;	Qp (2) (m3/j) =	0.0000;	Qp (3) (m3/j) =		0.0000
Qpe (1) (m3/j) =	4499.6378;	Qpe (2) (m3/j) =	0.0000;	Qpe (3) (m3/j) =		0.0000
Qre (1) (m3/j) =	6087.7450;	Qre (2) (m3/j) =	0.0000;	Qre (3) (m3/j) =		0.0000
Cp (1) (ppm) =	463.4482;	Cp (2) (ppm) =	0.0000;	Cp (3) (ppm) =		0.0000
Cr (1) (ppm) =	60527.0178;	Cr (2) (ppm) =	0.0000;	Cr (3) (ppm) =		0.0000

```
***********************************************************************

***********************************************************************
                     PLANT OPTTIMAL DESIGN BY DESALTOP
```

Prf ($/m3)=	1.0911;	Cpt (ppm)=	177.6974;	Cptb (ppm)=		0.0000
Qpt (m3/j)=	4497.8853;	yt (%)=	26.6700;	Crt (ppm)=		47664.8140

Nme (1) :modules=	903;	Nme (2) :modules=	0;	Nme (3) :modules=	0
Pf (1) (KPa)=	8266.8174;	Pf (2) (KPa)=	0.0000;	Pf (3) (KPa)=	0.0000
ye (1) (%)=	26.6700;	ye (2) (%)=	0.0000;	ye (3) (%)=	0.0000
pr (1) (%)=	100.0000;	pr (2) (%)=	0.0000;	pr (3) (%)=	0.0000
Qp (1) (m3/j)=	4.9810;	Qp (2) (m3/j)=	0.0000;	Qp (3) (m3/j)=	0.0000
Qpe (1) (m3/j)=	4497.8853;	Qpe (2) (m3/j)=	0.0000;	Qpe (3) (m3/j)=	0.0000
Qre (1) (m3/j)=	12367.0764;	Qre (2) (m3/j)=	0.0000;	Qre (3) (m3/j)=	0.0000
Cp (1) (ppm)=	177.6974;	Cp (2) (ppm)=	0.0000;	Cp (3) (ppm)=	0.0000
Cr (1) (ppm)=	47664.8140;	Cr (2) (ppm)=	0.0000;	Cr (3) (ppm)=	0.0000

****

DESALINATION PLANT :1
CONTRY : Argentina
NOTIFICATION : 2005, theo.Opt.study (103 equa. for seven different TDS)
SOURCE : Marian G.Marcovecchio, Desalination 184(2005) 259-271
USED METHOD : optimization by determinist method
CONFIGURATION: two stages
TYPE OF UTILISED MEMBRANES : Hollow fiber permeators

TECHNICAL DATA :
Overall capacity (m3/d) : 2000.0000
Seawater TDS (ppm) : 36000.0000
Sewater temperature ("c) :   25.0000
Permeator flow in standar condtions (m3/d) :   60.0000
TDS guideline (ppm) :   570.0000
Sewater Boron concentration (ppm) :
Boron guideline (ppm) :

ECONOMIC DATA :
Membrane lifetime (year) :   5.0000
Plant lifetime (year) :   25.0000
Interest rate (%) :   0.0800
Power cost ($/KWh) :   0.0300
B10 permeator cost ($/permeator) : 1520.0000
B9 permeator cost ($/permeator) : 1520.0000
Efficiency of pumps (%) :   0.7400
Efficiency of turbines (%) :   0.8000
Number of operators :
Average man-monthly salary ($) :
Rate of indirect capital costs (%) :   0.2000
Plant laod factor (%) :   0.9000
Operating pressure (KPa) : 6831.4000
Overall recovery (%) :
Unit water cost ($/m3) :   0.9095
Poduct water TDS (ppm) :   479.6000
Boron concentration in product water (ppm) :

```
*****************************************************************
              PLANT PERFORMANCES : ONE STAGE DESIGN
                  SIMULATION BY "DESALTOP"
```

Prf($/m3)=	0.3977;	Cpt(ppm)=	380.4832;	Cptb(ppm)=	0.0000
Qpt(m3/j)=	2014.1603;	yt(%)=	42.5000;	Crt(ppm)=	62327.4702
Nme(1):modules=	54;	Nme(2):modules=	0;	Nme(3):modules=	0
Pf(1)(KPa)=	6831.4000;	Pf(2)(KPa)=	0.0000;	Pf(3)(KPa)=	0.0000
ye(1)(%)=	42.5000;	ye(2)(%)=	0.0000;	ye(3)(%)=	0.0000
pr(1)(%)=	100.0000;	pr(2)(%)=	0.0000;	pr(3)(%)=	0.0000
Qp(1)(m3/j)=	37.2993;	Qp(2)(m3/j)=	0.0000;	Qp(3)(m3/j)=	0.0000
Qpe(1)(m3/j)=	2014.1603;	Qpe(2)(m3/j)=	0.0000;	Qpe(3)(m3/j)=	0.0000
Qre(1)(m3/j)=	2725.0403;	Qre(2)(m3/j)=	0.0000;	Qre(3)(m3/j)=	0.0000
Cp(1)(ppm)=	380.4832;	Cp(2)(ppm)=	0.0000;	Cp(3)(ppm)=	0.0000
Cr(1)(ppm)=	62327.4702;	Cr(2)(ppm)=	0.0000;	Cr(3)(ppm)=	0.0000

```
*****************************************************************
```

```
*****************************************************************
              PLANT OPTIMAL DESIGN BY DESALTOP
```

Prf($/m3)=	0.3704;	Cpt(ppm)=	454.5358;	Cptb(ppm)=	0.0000
Qpt(m3/j)=	1987.3688;	yt(%)=	60.2700;	Crt(ppm)=	89922.1023
Nme(1):modules=	56;	Nme(2):modules=	0;	Nme(3):modules=	0
Pf(1)(KPa)=	8266.8174;	Pf(2)(KPa)=	0.0000;	Pf(3)(KPa)=	0.0000
ye(1)(%)=	60.2700;	ye(2)(%)=	0.0000;	ye(3)(%)=	0.0000
pr(1)(%)=	100.0000;	pr(2)(%)=	0.0000;	pr(3)(%)=	0.0000
Qp(1)(m3/j)=	35.4887;	Qp(2)(m3/j)=	0.0000;	Qp(3)(m3/j)=	0.0000
Qpe(1)(m3/j)=	1987.3688;	Qpe(2)(m3/j)=	0.0000;	Qpe(3)(m3/j)=	0.0000
Qre(1)(m3/j)=	1310.0741;	Qre(2)(m3/j)=	0.0000;	Qre(3)(m3/j)=	0.0000
Cp(1)(ppm)=	454.5358;	Cp(2)(ppm)=	0.0000;	Cp(3)(ppm)=	0.0000
Cr(1)(ppm)=	89922.1023;	Cr(2)(ppm)=	0.0000;	Cr(3)(ppm)=	0.0000

```
*****************************************************************
```

DESALINATION PLANT : 2
CONTRY : Argentina
NOTIFICATION : 2005, theo.Opt.study (103 equa. for seven different TDS)
SOURCE : Marian G.Marcovecchio, Desalination 184(2005) 259-271
USED METHOD : optimization by determinist method
CONFIGURATION: two stages
TYPE OF UTILISED MEMBRANES : Hollow fiber permeators

TECHNICAL DATA :
Overall capacity (m3/d) : 2000.0000
Seawater TDS (ppm) : 38000.0000
Sewater temperature (°c) :   25.0000
Permeator flow in standar condtions (m3/d) :   60.0000
TDS guideline (ppm) :   570.0000
Sewater Boron concentration (ppm) :
Boron guideline (ppm) :

ECONOMIC DATA :
Membrane lifetime (year) :   5.0000
Plant lifetime (year) :   25.0000
Interest rate (%) :   0.0800
Power cost ($/KWh) :   0.0300
B10 permeator cost ($/permeator) :   1520.0000
B9 permeator cost ($/permeator) :   1520.0000
Efficiency of pumps (%) :   0.7400
Efficiency of turbines (%) :   0.8000
Number of operators :
Average man-monthly salary ($) :
Rate of indirect capital costs (%) :   0.2000
Plant laod factor (%) :   0.9000
Operating pressure (KPa) :   6831.4000
Overall recovery (%) :
Unit water cost ($/m3) :   0.8695
Poduct water TDS (ppm) :   458.9000
Boron concentration in product water (ppm) :
****
PLANT PERFORMANCES : ONE STAGE DESIGN
SIMULATION BY "DESALTOP"

Prf ($/m3)=	0.4009;	Cpt (ppm)=	441.3137;	Cptb (ppm)=	0.0000
Qpt (m3/j)=	1999.0450;	yt (%)=	42.5000;	Crt (ppm)=	65760.7695
Nme(1) :modules=	59;	Nme(2) :modules=	0;	Nme(3) :modules=	0
Pf(1) (KPa) =	6831.4000;	Pf(2) (KPa)=	0.0000;	Pf(3) (KPa) =	0.0000
ye(1) (%)=	42.5000;	ye(2) (%)=	0.0000;	ye(3) (%)=	0.0000
pr(1) (%)=	100.0000;	pr(2) (%)=	0.0000;	pr(3) (%)=	0.0000
Qp(1) (m3/j)=	33.8821;	Qp(2) (m3/j)=	0.0000;	Qp(3) (m3/j)=	0.0000
Qpe(1) (m3/j)=	1999.0450;	Qpe(2) (m3/j)=	0.0000;	Qpe(3) (m3/j)=	0.0000
Qre(1) (m3/j)=	2704.5901;	Qre(2) (m3/j)=	0.0000;	Qre(3) (m3/j)=	0.0000
Cp(1) (ppm)=	441.3137;	Cp(2) (ppm)=	0.0000;	Cp(3) (ppm)=	0.0000
Cr(1) (ppm)=	65760.7695;	Cr(2) (ppm)=	0.0000;	Cr(3) (ppm)=	0.0000
****

****
PLANT OPTTIMAL DESIGN BY DESALTOP

Prf ($/m3)=	0.3744;	Cpt (ppm)=	478.8663;	Cptb (ppm)=	0.0000
Qpt (m3/j)=	1986.0676;	yt (%)=	58.2000;	Crt (ppm)=	90242.3441

Nme(1):modules=	58;	Nme(2):modules=	0;	Nme(3):modules=	0
Pf(1)(KPa)=	8273.7122;	Pf(2)(KPa)=	0.0000;	Pf(3)(KPa)=	0.0000
ye(1)(%)=	58.2000;	ye(2)(%)=	0.0000;	ye(3)(%)=	0.0000
pr(1)(%)=	100.0000;	pr(2)(%)=	0.0000;	pr(3)(%)=	0.0000
Qp(1)(m3/j)=	34.2425;	Qp(2)(m3/j)=	0.0000;	Qp(3)(m3/j)=	0.0000
Qpe(1)(m3/j)=	1986.0676;	Qpe(2)(m3/j)=	0.0000;	Qpe(3)(m3/j)=	0.0000
Qre(1)(m3/j)=	1426.4197;	Qre(2)(m3/j)=	0.0000;	Qre(3)(m3/j)=	0.0000
Cp(1)(ppm)=	478.8663;	Cp(2)(ppm)=	0.0000;	Cp(3)(ppm)=	0.0000
Cr(1)(ppm)=	90242.3441;	Cr(2)(ppm)=	0.0000;	Cr(3)(ppm)=	0.0000

****

DESALINATION PLANT :3
CONTRY : Argentina
NOTIFICATION : 2005, theo.Opt.study (103 equa. for seven different TDS)
SOURCE : Marian G.Marcovecchio, Desalination 184(2005) 259-271
USED METHOD : optimization by determinist method
CONFIGURATION: two stages
TYPE OF UTILISED MEMBRANES : Hollow fiber permeators

TECHNICAL DATA :
Overall capacity (m3/d) : 2000.0000
Seawater TDS (ppm) : 37000.0000
Sewater temperature (°c) :   25.0000
Permeator flow in standar condtions (m3/d) :   60.0000
TDS guideline (ppm) :   570.0000
Sewater Boron concentration (ppm) :
Boron guideline (ppm) :

ECONOMIC DATA :
Membrane lifetime (year) :   5.0000
Plant lifetime (year) :   25.0000
Interest rate (%) :   0.0800
Power cost ($/KWh) :   0.0300
B10 permeator cost ($/permeator) : 1520.0000
B9 permeator cost ($/permeator) : 1520.0000
Efficiency of pumps (%) :   0.7400
Efficiency of turbines (%) :   0.8000
Number of operators :
Average man-monthly salary ($) :
Rate of indirect capital costs (%) :   0.2000
Plant laod factor (%) :   0.9000
Operating pressure (KPa) : 6831.4000
Overall recovery (%) :
Unit water cost ($/m3) :   0.8313
Poduct water TDS (ppm) :   438.9000
Boron concentration in product water (ppm) :

```
*************************************************************************
                 PLANT PERFORMANCES : ONE STAGE DESIGN
                       SIMULATION BY "DESALTOP"
```

Prf($/m3)=	0.3990;	Cpt(ppm)=	409.4384;	Cptb(ppm)=	0.0000
Qpt(m3/j)=	1993.2168;	yt(%)=	42.5000;	Crt(ppm)=	64045.1990
Nme(1):modules=	56;	Nme(2):modules=	0;	Nme(3):modules=	0
Pf(1)(KPa)=	6831.4000;	Pf(2)(KPa)=	0.0000;	Pf(3)(KPa)=	0.0000
ye(1)(%)=	42.5000;	ye(2)(%)=	0.0000;	ye(3)(%)=	0.0000
pr(1)(%)=	100.0000;	pr(2)(%)=	0.0000;	pr(3)(%)=	0.0000
Qp(1)(m3/j)=	35.5932;	Qp(2)(m3/j)=	0.0000;	Qp(3)(m3/j)=	0.0000
Qpe(1)(m3/j)=	1993.2168;	Qpe(2)(m3/j)=	0.0000;	Qpe(3)(m3/j)=	0.0000
Qre(1)(m3/j)=	2696.7049;	Qre(2)(m3/j)=	0.0000;	Qre(3)(m3/j)=	0.0000
Cp(1)(ppm)=	409.4384;	Cp(2)(ppm)=	0.0000;	Cp(3)(ppm)=	0.0000
Cr(1)(ppm)=	64045.1990;	Cr(2)(ppm)=	0.0000;	Cr(3)(ppm)=	0.0000

```
*************************************************************************
```

```
*************************************************************************
                   PLANT OPTTIMAL DESIGN BY DESALTOP
```

Prf($/m3)=	0.3723;	Cpt(ppm)=	467.8246;	Cptb(ppm)=	0.0000
Qpt(m3/j)=	1983.7119;	yt(%)=	59.3100;	Crt(ppm)=	90249.5286
Nme(1):modules=	57;	Nme(2):modules=	0;	Nme(3):modules=	0
Pf(1)(KPa)=	8273.7122;	Pf(2)(KPa)=	0.0000;	Pf(3)(KPa)=	0.0000
ye(1)(%)=	59.3100;	ye(2)(%)=	0.0000;	ye(3)(%)=	0.0000
pr(1)(%)=	100.0000;	pr(2)(%)=	0.0000;	pr(3)(%)=	0.0000
Qp(1)(m3/j)=	34.8020;	Qp(2)(m3/j)=	0.0000;	Qp(3)(m3/j)=	0.0000
Qpe(1)(m3/j)=	1983.7119;	Qpe(2)(m3/j)=	0.0000;	Qpe(3)(m3/j)=	0.0000
Qre(1)(m3/j)=	1360.9380;	Qre(2)(m3/j)=	0.0000;	Qre(3)(m3/j)=	0.0000
Cp(1)(ppm)=	467.8246;	Cp(2)(ppm)=	0.0000;	Cp(3)(ppm)=	0.0000
Cr(1)(ppm)=	90249.5286;	Cr(2)(ppm)=	0.0000;	Cr(3)(ppm)=	0.0000

```
*************************************************************************
```

DESALINATION PLANT : 4
CONTRY : Argentina
NOTIFICATION : 2005, theo.Opt.study (103 equa. for seven different TDS)
SOURCE : Marian G.Marcovecchio, Desalination 184(2005) 259-271
USED METHOD : optimization by determinist method
CONFIGURATION: two stages
TYPE OF UTILISED MEMBRANES : Hollow fiber permeators

TECHNICAL DATA :
Overall capacity (m3/d) : 2000.0000
Seawater TDS (ppm) : 39000.0000
Sewater temperature (°c) : 25.0000
Permeator flow in standar condtions (m3/d) : 60.0000
TDS guideline (ppm) : 570.0000
Sewater Boron concentration (ppm) :
Boron guideline (ppm) :

ECONOMIC DATA :
Membrane lifetime (year) : 5.0000
Plant lifetime (year) : 25.0000
Interest rate (%) : 0.0800
Power cost ($/KWh) : 0.0300
B10 permeator cost ($/permeator) : 1520.0000
B9 permeator cost ($/permeator) : 1520.0000
Efficiency of pumps (%) : 0.7400
Efficiency of turbines (%) : 0.8000
Number of operators :
Average man-monthly salary ($) :
Rate of indirect capital costs (%) : 0.2000
Plant laod factor (%) : 0.9000
Operating pressure (KPa) : 6831.4000
Overall recovery (%) :
Unit water cost ($/m3) : 0.9095
Poduct water TDS (ppm) : 479.6000
Boron concentration in product water (ppm) :
****
PLANT PERFORMANCES : ONE STAGE DESIGN
SIMULATION BY "DESALTOP"

Prf($/m3)=	0.4029; Cpt(ppm)=	476.5801; Cptb(ppm)=	0.0000
Qpt(m3/j)=	1994.3000; yt(%)=	42.5000; Crt(ppm)=	67473.8335
Nme(1):modules=	62; Nme(2):modules=	0; Nme(3):modules=	0
Pf(1)(KPa)=	6831.4000; Pf(2)(KPa)=	0.0000; Pf(3)(KPa)=	0.0000
ye(1)(%)=	42.5000; ye(2)(%)=	0.0000; ye(3)(%)=	0.0000
pr(1)(%)=	100.0000; pr(2)(%)=	0.0000; pr(3)(%)=	0.0000
Qp(1)(m3/j)=	32.1661; Qp(2)(m3/j)=	0.0000; Qp(3)(m3/j)=	0.0000
Qpe(1)(m3/j)=	1994.3000; Qpe(2)(m3/j)=	0.0000; Qpe(3)(m3/j)=	0.0000
Qre(1)(m3/j)=	2698.1704; Qre(2)(m3/j)=	0.0000; Qre(3)(m3/j)=	0.0000
Op(1)(ppm)=	476.5801; Cp(2)(ppm)=	0.0000; Cp(3)(ppm)=	0.0000
Cr(1)(ppm)=	67473.8335; Cr(2)(ppm)=	0.0000; Cr(3)(ppm)=	0.0000

****

****
PLANT OPTTIMAL DESIGN BY DESALTOP

Prf($/m3)=	0.3766; Cpt(ppm)=	502.2212; Cptb(ppm)=	0.0000
Qpt(m3/j)=	1986.9537; yt(%)=	57.5000; Crt(ppm)=	91085.2302

Nme(1):modules=	60;	Nme(2):modules=	0;	Nme(3):modules=	0
Pf(1)(KPa)=	8266.8174;	Pf(2)(KPa)=	0.0000;	Pf(3)(KPa)=	0.0000
ye(1)(%)=	57.5000;	ye(2)(%)=	0.0000;	ye(3)(%)=	0.0000
pr(1)(%)=	100.0000;	pr(2)(%)=	0.0000;	pr(3)(%)=	0.0000
Qp(1)(m3/j)=	33.1159;	Qp(2)(m3/j)=	0.0000;	Qp(3)(m3/j)=	0.0000
Qpe(1)(m3/j)=	1986.9537;	Qpe(2)(m3/j)=	0.0000;	Qpe(3)(m3/j)=	0.0000
Qre(1)(m3/j)=	1468.6180;	Qre(2)(m3/j)=	0.0000;	Qre(3)(m3/j)=	0.0000
Cp(1)(ppm)=	502.2212;	Cp(2)(ppm)=	0.0000;	Cp(3)(ppm)=	0.0000
Cr(1)(ppm)=	91085.2302;	Cr(2)(ppm)=	0.0000;	Cr(3)(ppm)=	0.0000

****

DESALINATION PLANT :5
CONTRY : Argentina
NOTIFICATION : 2005, theo.Opt.study (103 equa. for seven different TDS)
SOURCE : Marian G.Marcovecchio, Desalination 184(2005) 259-271
USED METHOD : optimization by determinist method
CONFIGURATION: two stages
TYPE OF UTILISED MEMBRANES : Hollow fiber permeators

TECHNICAL DATA :
Overall capacity (m3/d) : 2000.0000
Seawater TDS (ppm) : 40000.0000
Sewater temperature (°c) :   25.0000
Permeator flow in standar condtions (m3/d) :   60.0000
TDS guideline (ppm) :   570.0000
Sewater Boron concentration (ppm) :
Boron guideline (ppm) :

ECONOMIC DATA :
Membrane lifetime (year) :   5.0000
Plant lifetime (year) :   25.0000
Interest rate (%) :   0.0800
Power cost ($/KWh) :   0.0300
B10 permeator cost ($/permeator) : 1520.0000
B9 permeator cost ($/permeator) : 1520.0000
Efficiency of pumps (%) :   0.7400
Efficiency of turbines (%) :   0.8000
Number of operators :
Average man-monthly salary ($) :
Rate of indirect capital costs (%) :   0.2000
Plant laod factor (%) :   0.9000
Operating pressure (KPa) : 6831.4000
Overall recovery (%) :
Unit water cost ($/m3) :   0.9536
Poduct water TDS (ppm) :   503.1000
Boron concentration in product water (ppm) :

```
*********************************************************************
                 PLANT PERFORMANCES : ONE STAGE DESIGN
                      SIMULATION BY "DESALTOP"
```

Prf($/m3)=	0.4055;	Cpt(ppm)=	515.8152;	Cptb(ppm)=	0.0000
Qpt(m3/j)=	2009.3810;	yt(%)=	42.5000;	Crt(ppm)=	69183.9641
Nme(1):modules=	66;	Nme(2):modules=	0;	Nme(3):modules=	0
Pf(1)(KPa)=	6831.4000;	Pf(2)(KPa)=	0.0000;	Pf(3)(KPa)=	0.0000
ye(1)(%)=	42.5000;	ye(2)(%)=	0.0000;	ye(3)(%)=	0.0000
pr(1)(%)=	100.0000;	pr(2)(%)=	0.0000;	pr(3)(%)=	0.0000
Qp(1)(m3/j)=	30.4452;	Qp(2)(m3/j)=	0.0000;	Qp(3)(m3/j)=	0.0000
Qpe(1)(m3/j)=	2009.3810;	Qpe(2)(m3/j)=	0.0000;	Qpe(3)(m3/j)=	0.0000
Qre(1)(m3/j)=	2718.5741;	Qre(2)(m3/j)=	0.0000;	Qre(3)(m3/j)=	0.0000
Cp(1)(ppm)=	515.8152;	Cp(2)(ppm)=	0.0000;	Cp(3)(ppm)=	0.0000
Cr(1)(ppm)=	69183.9641;	Cr(2)(ppm)=	0.0000;	Cr(3)(ppm)=	0.0000

```
*********************************************************************
```

```
*********************************************************************
                 PLANT OPTIMAL DESIGN BY DESALTOP
```

Prf($/m3)=	0.3788;	Opt(ppm)=	502.1280;	Optb(ppm)=	0.0000
Qpt(m3/j)=	1986.6760;	yt(%)=	55.9300;	Crt(ppm)=	90127.4332
Nme(1):modules=	60;	Nme(2):modules=	0;	Nme(3):modules=	0
Pf(1)(KPa)=	8266.8174;	Pf(2)(KPa)=	0.0000;	Pf(3)(KPa)=	0.0000
ye(1)(%)=	55.9300;	ye(2)(%)=	0.0000;	ye(3)(%)=	0.0000
pr(1)(%)=	100.0000;	pr(2)(%)=	0.0000;	pr(3)(%)=	0.0000
Qp(1)(m3/j)=	33.1113;	Qp(2)(m3/j)=	0.0000;	Qp(3)(m3/j)=	0.0000
Qpe(1)(m3/j)=	1986.6760;	Qpe(2)(m3/j)=	0.0000;	Qpe(3)(m3/j)=	0.0000
Qre(1)(m3/j)=	1565.3998;	Qre(2)(m3/j)=	0.0000;	Qre(3)(m3/j)=	0.0000
Cp(1)(ppm)=	502.1280;	Cp(2)(ppm)=	0.0000;	Cp(3)(ppm)=	0.0000
Cr(1)(ppm)=	90127.4332;	Cr(2)(ppm)=	0.0000;	Cr(3)(ppm)=	0.0000

```
*********************************************************************
```

DESALINATION PLANT : 6
CONTRY : Argentina
NOTIFICATION : 2005, theo.Opt.study (103 equa. for seven different TDS)
SOURCE : Marian G.Marcovecchio, Desalination 184(2005) 259-271
USED METHOD : optimization by determinist method
CONFIGURATION: two stages
TYPE OF UTILISED MEMBRANES : Hollow fiber permeators

TECHNICAL DATA :
Overall capacity (m3/d) : 2000.0000
Seawater TDS (ppm) : 42000.0000
Sewater temperature (°c) :   25.0000
Permeator flow in standar condtions (m3/d) :   60.0000
TDS guideline (ppm) :   570.0000
Sewater Boron concentration (ppm) :
Boron guideline (ppm) :

ECONOMIC DATA :
Membrane lifetime (year) :   5.0000
Plant lifetime (year) :   25.0000
Interest rate (%) :   0.0800
Power cost ($/KWh) :   0.0300
B10 permeator cost ($/permeator) : 1520.0000
B9 permeator cost ($/permeator) : 1520.0000
Efficiency of pumps (%) :   0.7400
Efficiency of turbines (%) :   0.8000
Number of operators :
Average man-monthly salary ($) :
Rate of indirect capital costs (%) :   0.2000
Plant laod factor (%) :   0.9000
Operating pressure (KPa) : 6831.4000
Overall recovery (%) :
Unit water cost ($/m3) :   1.0108
Poduct water TDS (ppm) :   548.5000
Boron concentration in product water (ppm) :
****
PLANT PERFORMANCES : ONE STAGE DESIGN
SIMULATION BY "DESALTOP"

Prf($/m3)=	0.4107;	Opt(ppm)=	609.2441;	Optb(ppm)=	0.0000
Qpt(m3/j)=	1997.1295;	yt(%)=	42.5000;	Crt(ppm)=	72593.1689
Nme(1):modules=	74;	Nme(2):modules=	0;	Nme(3):modules=	0
Pf(1)(KPa)=	6831.4000;	Pf(2)(KPa)=	0.0000;	Pf(3)(KPa)=	0.0000
ye(1)(%)=	42.5000;	ye(2)(%)=	0.0000;	ye(3)(%)=	0.0000
pr(1)(%)=	100.0000;	pr(2)(%)=	0.0000;	pr(3)(%)=	0.0000
Qp(1)(m3/j)=	26.9882;	Qp(2)(m3/j)=	0.0000;	Qp(3)(m3/j)=	0.0000
Qpe(1)(m3/j)=	1997.1295;	Qpe(2)(m3/j)=	0.0000;	Qpe(3)(m3/j)=	0.0000
Qre(1)(m3/j)=	2701.9986;	Qre(2)(m3/j)=	0.0000;	Qre(3)(m3/j)=	0.0000
Cp(1)(ppm)=	609.2441;	Cp(2)(ppm)=	0.0000;	Cp(3)(ppm)=	0.0000
Cr(1)(ppm)=	72593.1689;	Cr(2)(ppm)=	0.0000;	Cr(3)(ppm)=	0.0000

****

****
PLANT OPTTIMAL DESIGN BY DESALTOP

Prf($/m3)=	0.3833;	Opt(ppm)=	538.4558;	Optb(ppm)=	0.0000
Qpt(m3/j)=	1984.9216;	yt(%)=	54.1900;	Crt(ppm)=	91046.0834

Nme(1):modules=	63;	Nme(2):modules=	0;	Nme(3):modules=	0
Pf(1)(KPa)=	8273.7122;	Pf(2)(KPa)=	0.0000;	Pf(3)(KPa)=	0.0000
ye(1)(%)=	54.1900;	ye(2)(%)=	0.0000;	ye(3)(%)=	0.0000
pr(1)(%)=	100.0000;	pr(2)(%)=	0.0000;	pr(3)(%)=	0.0000
Qp(1)(m3/j)=	31.5067;	Qp(2)(m3/j)=	0.0000;	Qp(3)(m3/j)=	0.0000
Qpe(1)(m3/j)=	1984.9216;	Qpe(2)(m3/j)=	0.0000;	Qpe(3)(m3/j)=	0.0000
Qre(1)(m3/j)=	1677.9712;	Qre(2)(m3/j)=	0.0000;	Qre(3)(m3/j)=	0.0000
Cp(1)(ppm)=	538.4558;	Cp(2)(ppm)=	0.0000;	Cp(3)(ppm)=	0.0000
Cr(1)(ppm)=	91046.0834;	Cr(2)(ppm)=	0.0000;	Cr(3)(ppm)=	0.0000

****

DESALINATION PLANT : 7
CONTRY : Argentina
NOTIFICATION : 2005, theo.Opt.study (103 equa. for seven different TDS)
SOURCE : Marian G.Marcovecchio, Desalination 184(2005) 259-271
USED METHOD : optimization by determinist method
CONFIGURATION: two stages
TYPE OF UTILISED MEMBRANES : Hollow fiber permeators

TECHNICAL DATA :
Overall capacity (m3/d) :   2000.0000
Seawater TDS (ppm) : 41000.0000
Sewater temperature (°c) :   25.0000
Permeator flow in standar condtions (m3/d) :   60.0000
TDS guideline (ppm) :   570.0000
Sewater Boron concentration (ppm) :
Boron guideline (ppm) :

ECONOMIC DATA :
Membrane lifetime (year) :   5.0000
Plant lifetime (year) :   25.0000
Interest rate (%) :   0.0800
Power cost ($/KWh) :   0.0300
B10 permeator cost ($/permeator) : 1520.0000
B9 permeator cost ($/permeator) : 1520.0000
Efficiency of pumps (%) :   0.7400
Efficiency of turbines (%) :   0.8000
Number of operators :
Average man-monthly salary ($) :
Rate of indirect capital costs (%) :   0.2000
Plant laod factor (%) :   0.9000
Operating pressure (KPa) : 6831.4000
Overall recovery (%) :
Unit water cost ($/m3) :   1.0028
Poduct water TDS (ppm) :   530.0000
Boron concentration in product water (ppm) :

```
*****************************************************************
              PLANT PERFORMANCES : ONE STAGE DESIGN
                    SIMULATION BY "DESALTOP"
```

Prf ($/m3) =	0.4081;	Cpt (ppm) =	559.7363;	Cptb (ppm) =	0.0000
Qpt (m3/j) =	2010.3447;	yt (%) =	42.5000;	Crt (ppm) =	70890.6311
Nme (1) :modules=	70;	Nme (2) :modules=	0;	Nme (3) :modules=	0
Pf (1) (KPa) =	6831.4000;	Pf (2) (KPa) =	0.0000;	Pf (3) (KPa) =	0.0000
ye (1) (%) =	42.5000;	ye (2) (%) =	0.0000;	ye (3) (%) =	0.0000
pr (1) (%) =	100.0000;	pr (2) (%) =	0.0000;	pr (3) (%) =	0.0000
Qp (1) (m3/j) =	28.7192;	Qp (2) (m3/j) =	0.0000;	Qp (3) (m3/j) =	0.0000
Qpe (1) (m3/j) =	2010.3447;	Qpe (2) (m3/j) =	0.0000;	Qpe (3) (m3/j) =	0.0000
Qre (1) (m3/j) =	2719.8780;	Qre (2) (m3/j) =	0.0000;	Qre (3) (m3/j) =	0.0000
Cp (1) (ppm) =	559.7363;	Cp (2) (ppm) =	0.0000;	Cp (3) (ppm) =	0.0000
Cr (1) (ppm) =	70890.6311;	Cr (2) (ppm) =	0.0000;	Cr (3) (ppm) =	0.0000

```
*****************************************************************
```

```
*****************************************************************
              PLANT OPTTIMAL DESIGN BY DESALTOP
```

Prf ($/m3) =	0.3811;	Cpt (ppm) =	513.8896;	Cptb (ppm) =	0.0000
Qpt (m3/j) =	1986.7303;	yt (%) =	54.8000;	Crt (ppm) =	90084.9304
Nme (1) :modules=	61;	Nme (2) :modules=	0;	Nme (3) :modules=	0
Pf (1) (KPa) =	8266.8174;	Pf (2) (KPa) =	0.0000;	Pf (3) (KPa) =	0.0000
ye (1) (%) =	54.8000;	ye (2) (%) =	0.0000;	ye (3) (%) =	0.0000
pr (1) (%) =	100.0000;	pr (2) (%) =	0.0000;	pr (3) (%) =	0.0000
Qp (1) (m3/j) =	32.5693;	Qp (2) (m3/j) =	0.0000;	Qp (3) (m3/j) =	0.0000
Qpe (1) (m3/j) =	1986.7303;	Qpe (2) (m3/j) =	0.0000;	Qpe (3) (m3/j) =	0.0000
Qre (1) (m3/j) =	1638.6899;	Qre (2) (m3/j) =	0.0000;	Qre (3) (m3/j) =	0.0000
Cp (1) (ppm) =	513.8896;	Cp (2) (ppm) =	0.0000;	Cp (3) (ppm) =	0.0000
Cr (1) (ppm) =	90084.9304;	Cr (2) (ppm) =	0.0000;	Cr (3) (ppm) =	0.0000

```
*****************************************************************
```